Anne M. Schüller   **Kunden auf der Flucht?**

Anne M. Schüller **Kunden auf der Flucht?**

**Wie Sie loyale Kunden gewinnen
und halten**

orell füssli Verlag AG

3., Auflage 2011

© 2010 Orell Füssli Verlag AG, Zürich
www.ofv.ch
Alle Rechte vorbehalten

Umschlagabbildung: © Masterfile Corporation
Umschlaggestaltung: Andreas Zollinger, Zürich
Druck: fgb • freiburger graphische betriebe, Freiburg

ISBN 978-3-280-05382-9

Bibliografische Information der Deutschen Nationalbibliothek:
Die Deutsche Nationalbibliothek verzeichnet diese Publikation in der Deutschen
Nationalbibliografie; detaillierte bibliografische Daten sind im Internet
über http://dnb.d-nb.de abrufbar.

MIX
Papier aus verantwor-
tungsvollen Quellen
FSC® C106847

Inhalt

Intro 7
Loyale Kunden: ein kostbarer Schatz 8
Der flüchtende Kunde 20
Customer first?. 22
Jagen oder hegen & pflegen? 24
Treue belohnen! 31
Unternehmen loyalitätsfokussiert führen 33
Die Loyalitätsführerschaft als Ziel 39

Teil 1   **Kundenloyalität auf dem Prüfstand** 41
Was im Hirn passiert, wenn Loyalität entsteht 43
Wie interne und externe Loyalität korrelieren 52
Was positive Mitarbeiterloyalität bewirkt 52
Was negative Mitarbeiterloyalität, also Illoyalität
  bewirkt 54
Kundenbindung versus Kundenloyalität. 58
Loyalitätskiller: Was Kunden vertreibt 67
Loyalitätsmacher: Was dauerhafte Kundentreue
  bewirkt 79
Nicht eine – sondern drei Loyalitäten entwickeln. . . . 90
Wie Online-Loyalität zu erreichen ist. 100
Die erste und die zweite Loyalität 110
Der loyale Kunde als aktiver Empfehler 113
Das neue Empfehlungsmarketing. 115
Wie die Empfehlungsrate gemessen wird 118

Teil 2 **Loyalitätsführerschaft als Unternehmensstrategie** 121
Die Vorteile einer langfristigen Ausrichtung auf
  Kundentreue 123
Loyalitätsbasiert: eine neue Zielgruppen-Typologie . . 126
Kennzahlen im Loyalitätsmanagement 138
Kundenbefragungen im Loyalitätsmanagement 142

Teil 3 **Die Praxis: Toolbox für mehr Kundentreue** 159
Die loyalisierende Vertriebskultur 160
Das Customer Touchpoint Management 173

Teil 4 **Tipps zur praktischen Umsetzung** 199

Literaturhinweise 203
Die Autorin 207

Intro

Treue Kunden? Kann man vergessen! Sind ausgestorben! Waren mal viele. Gibt es nicht mehr. Das neue Phänomen heißt: der flüchtende Kunde.

Stimmt das wirklich? Überlegen Sie selbst, wie oft Sie dieselbe Bar, dasselbe Restaurant, denselben Friseur besuchen, denselben Radiosender hören, dieselbe Zahncreme benutzen, wie oft Sie Ihre Lieblingsschokolade essen oder Ihr Lieblingsbier trinken, wie oft Sie Wikipedia anklicken, um etwas zu suchen, oder Google, um etwas zu finden. All das ist freiwillige Treue. Sie müssen das nicht tun, Sie sind an keinen Vertrag gebunden. Die Gründe für solches Verhalten sind vielfältig und sie haben – soviel schon vorweg – weit mehr mit guten Gefühlen als mit berechnender Ratio zu tun.

Die Frage ist nun: Wie schafft man das? Was müssen Unternehmen tun, um heute und morgen und auch noch übermorgen die freiwillige Treue profitabler Kunden zu erhalten – denn binden lassen sie sich nicht mehr. Diese für jedes Unternehmen überlebenswichtige Schlüsselfrage beantwortet das vor Ihnen liegende Buch in drei Teilen:

Teil 1 (das Rüstzeug): Wann und wie entsteht überhaupt Loyalität?

Teil 2 (die strategische Basis): Wie muss ein Unternehmen aufgestellt sein, um die Loyalität profitabler Wunschkunden zu gewinnen und auf Dauer zu sichern?

Teil 3 (die operative Umsetzung): Was ist konkret zu tun, um Kundenloyalität zu erhalten? Und wichtiger noch: Wie ist es zu tun? Denn in einem geglückten Wie liegt der wahre Erfolg.

Nach einer einführenden, hie und da durchaus differenzierten Beleuchtung des Status quo werden wir uns in drei großen Kapiteln mit diesen Fragen intensiv und praxisnah auseinandersetzen. Willkommen zum Schutzprogramm für eine bedrohte Art: den loyalen Kunden.

Loyale Kunden: ein kostbarer Schatz

Das größte Vermögen, das ein Unternehmen besitzt, ist die Loyalität seiner Kunden. Je länger es einen rentablen Kunden hält, desto mehr Gewinn kann es durch ihn erzielen. Oberstes Ziel sollte es daher sein, möglichst keinen einzigen profitablen Kunden zu verlieren, den man behalten will. Hohe Kundenloyalität und niedrige Abwanderungsraten sichern den dauerhaften Geschäftserfolg. Durch und durch loyale Immer-wieder-Kunden sind die wahren Treiber einer positiven Geschäftsentwicklung.

Die klassische Neukunden-Gewinnung ist in vielen Branchen völlig ausgereizt. Die Märkte sind gesättigt. Erstnutzer werden immer seltener. Das Kundenjagen ist eine fortwährende Kraftanstrengung. Dem Verkauf gehen langsam die Interessenten-Adressen aus. Das Wachsen geht nur mehr zu Lasten des Wettbewerbs. Und es funktioniert, wenn man dem Rabattgeschrei der Unternehmen lauscht, anscheinend (fast) nur noch über den Preis. Dies führt zu einer Margen-Situation, die kurzfristiges Neugeschäft kaum noch rentabel macht.

Bestandskunden hingegen bieten ein (oft) immer noch unterschätztes, sehr ergiebiges und insgesamt kostengünstig zu bearbeitendes Feld. Gerade dort, wo die Anlaufkosten der Neukunden-Gewinnung hoch sind, erzielt der Ausbau eines profitablen Stammkunden-Geschäfts – gekoppelt mit einem systematischen Empfehlungsmarketing – die höchste Wertschöpfung. Ja, natürlich ist auch das Neugeschäft wichtig, doch Unternehmen leben auf Dauer von ihren Wiederkäufern.

Die schärfste Waffe des Kunden

Nicht Kaufzurückhaltung und Konsumverzicht, nein, Loyalität ist die schärfste Waffe des Kunden. Denn irgendwann wird jeder wieder kaufen beziehungsweise investieren wollen oder müssen, es fragt sich nur bei wem. Der Aufbau einer sozial und ökonomisch nachhaltigen Kundentreue ist somit die vorrangigste unternehmerische Herausforderung der Zukunft. Wer in Loyalitätsmarketing investiert, wird sich erfolgreich von der allgemeinen Marktentwicklung abkoppeln können und liegt in Zukunft vorn.

Das systematische Ausschöpfen des vorhandenen Kundenpotenzials bietet unzählige Chancen zu kostengünstigem und nachhaltigem Wachstum: Loyale Kunden kaufen öfter und sie kaufen mehr. Ihre Wechselfreude ist niedrig. Sie sind weniger preissensibel. Sie haben auch meist eine bessere Zahlungsmoral. Sie sind nachsichtiger, wenn Fehler passieren. Denn sie sind dem Unternehmen wohlgesonnen. Sie helfen ihm durch passende Ratschläge, Hinweise und Tipps, besser zu werden. Sie geben den Mitarbeitern ein gutes Gefühl und machen sie stolz auf ihren Arbeitgeber. Und sie helfen, Werbeaufwendungen zu sparen. Wer die Loyalität seiner Kunden gewinnt und dauerhaft bewahren kann, generiert kontinuierlich steigende Umsätze und reduziert gleichzeitig seine Kosten.

Und das ist noch nicht alles. Ein durch und durch loyaler Kunde kommt ja nicht nur immer wieder, er ist auch blind und taub für den Wettbewerb. Er verteidigt seinen Lieblingsanbieter gegen jede Art von Angriffen. Vor allem aber: Er spricht voll Begeisterung über ihn und generiert auf diese Weise die so wertvolle Mundpropaganda. Positive Mundpropaganda ist die Vorstufe zum Empfehlungsgeschäft. Fan-Kunden sind die besten Botschafter und Verkäufer. Als glaub- und vertrauenswürdige Multiplikatoren übertrumpfen sie jede klassische Werbung. Verbunden zu einer Community können sie Unternehmen und Marken schnell ganz weit nach oben hieven. Und all das tun sie kostenlos, freiwillig und gern.

Das heißt: Nicht nur als Immer-wieder-Käufer, sondern vor allem als aktive Empfehler sind Kunden lukrativ. Empfehlungsbereitschaft ist ein deutlicher Hinweis auf hohe Kundenloyalität. Mangelnde Empfehlungsbereitschaft hingegen ist ein erstes Absprung-Frühwarnsignal. Der amerikanische Loyalitätsexperte Frederick F. Reichheld kam in einem Beitrag für den «Harvard Business Manager» zu folgendem Schluss: Die im Rahmen einer dreijährigen Studie untersuchten Unternehmen mit der höchsten Zahl an positiven Empfehlern hatten gleichzeitig die höchsten Umsatzzuwächse. Da kann man doch nur noch eines rufen: Her mit der Loyalität!

Es ist ganz erstaunlich, wie viel Energie Marktteilnehmer bisweilen investieren, um anderen ihre Lieblingsmarke schmackhaft zu machen. Empfehler sind die besten Helfershelfer auf dem Weg zu verbesserten Ergebnissen und hohem Neukundengeschäft. Das Wichtigste dabei: Sie lassen sich am leichtesten aus dem Pool begeisterter und treuer Stammkunden generieren. Wer solche Schätzchen hat, pflege sie eifrig, damit sie nicht auf dumme Gedanken kommen. Denn Ihre besten Kunden, die hochrentablen, extrem loyalen Online- und Offline-Empfehler sind genau die Kunden, die Ihre Konkurrenz am liebsten hätte.

Im Rahmen einer experimentellen Untersuchung an der Universität Hamburg konnte übrigens nachgewiesen werden, dass sich Kunden nach Abgabe einer Empfehlung dem Unternehmen in stärkerem Maße verbunden fühlen. Ebenso konnte gezeigt werden, dass das Aussprechen einer Empfehlung eine positive Wirkung auf die eigene Wiederkaufabsicht hat. So ist es also doppelt sinnvoll, sein Empfehlungsgeschäft gezielt zu entwickeln. Es sorgt für kostengünstiges Neugeschäft sowie für einen Zuwachs an Loyalität, sprich für längere Treue und vermehrte Abschlüsse. Wer hingegen seine Bestandskunden vernachlässigt, der wird auch keine Empfehlungen erhalten.

Loyalität schlägt Kundenbindung

Die gute alte Kundenbindung ist ein Auslaufmodell. Klassische Kundenbindungsstrategien funktionieren nicht mehr. Denn sie gehen vom Unternehmen aus. Dabei wird Kundentreue zumeist an Bedingungen geknüpft, durch Punkte, Prämien oder Rabatte erkauft, durch Fußangeln in Geschäftsbedingungen erschlichen oder durch Wechselbarrieren erzwungen. Ergebnis: Der Kunde bleibt nicht, weil er will, sondern weil er mehr oder weniger muss.

So zeigt sich die selbstzentrierte, managementbezogene und oft immer noch arrogante Sicht der Unternehmen. Sie geht vom treudoofen Verbraucher aus, auf dessen Kosten man sich Vorteile verschaffen und bereichern kann. Oder sie baut auf die Unwissenheit und Trägheit der Kunden. Doch Kunden sind heute nicht mehr ahnungslos und isoliert, sie sind vernetzt und bestens informiert. Auch wenn es immer Menschen gibt, die in geschlossenen Systemen Sicherheit finden, so gilt doch für die meisten: Kein Knebelvertrag, keine Wechselhürde, kein noch so gut gemachtes Kundenbindungsprogramm kann Treue erzwingen. Und Abwanderungen können damit auch nicht verhindert werden. Spätestens bei Vertragsende wenden sich gebundene Konsumenten einem gerade günstigeren Preis oder einer besseren Leistung zu. Und Computerprogramme helfen ihnen, nur ja keinen Kündigungstermin zu verpassen.

Kundenloyalität sieht anders aus. Sie ist keine vor- oder nachgelagerte Stufe der Kundenbindung. Und beides ist auch nicht identisch. Loyalität ist sehr viel wertvoller. Denn Loyalität ist freiwillige Treue. Sie entsteht durch Anziehungskraft und nicht durch Druck oder Zwang. Sie kann niemals eingefordert werden, man bekommt sie vielmehr aus Überzeugung geschenkt. Loyalität geht also vom Kunden aus. Er könnte wechseln, will aber nicht. Die Basis dafür? Problemlösungen und gute Gefühle. Problemlösungen sind dabei das Pflichtprogramm. Das Erzeugen guter Gefühle ist die Kür.

Jede funktionierende Kundenbeziehung hat immer auch mit dem Erzeugen guter Gefühle zu tun: mit Achtsamkeit, Zuwendung, Verlässlichkeit, Sicherheit, Flexibilität, Wertschätzung und Respekt. Letztlich zahlen die Menschen für einen Zuwachs auf ihrem Glückskonto, nämlich für die Erfüllung von Hoffnungen, Wünschen und Träumen. Im Consumer-Bereich geht es hierbei vor allem um Lebensqualität. Und im Business um Erfolg. Emotionalität ist, auch wenn das auf den ersten Blick ein wenig alchemistisch klingt, die sicherste Möglichkeit, Kunden auf Dauer zu halten. Loyalität ist immer emotionsbehaftet. Sie benötigt – wie auch das in ihr liegende Vertrauen – Zeit zum Wachsen. Und sie ist in Sekunden zerstört.

Loyalität bedeutet:

- freiwillige Treue
- emotionale und andauernde Verbundenheit
- leidenschaftliche Fürsprache

Aber kommt das alles nicht ein wenig verstaubt daher? Passt Loyalität überhaupt noch in unsere schnelllebige Zeit? Na klar! Der Erfolg der Social Networks ist der beste Beweis dafür. Gerade die junge Generation, in der es so viele Schlüsselkinder gibt, ist verbundenheitssüchtig. Denn Menschen sind soziale Wesen. Alles dreht sich um das Leben in der Gemeinschaft. Allein in der Wüste – der sichere Tod. Die Sippen und Stämme von früher, die Kommunen der 68er, die Online-Communities von heute, ja selbst die Science-Fiction-Föderationen der fiktiven Star-Wars-Welten – alle folgen dem gleichen Prinzip: Menschen fühlen sich gut, wenn sie mit anderen verbunden sind. Wir sind geradezu süchtig danach. «Nichts braucht der Mensch so sehr wie den Menschen», haben schon die alten Griechen gesagt. Übersetzt mit dem Slogan «Connecting people», machte dies Nokia zu einer der global am meisten geschätzten Marken.

Das «Wir» gewinnt

Menschen sind sozial vernetzte Individuen. Isolation gehört zu unseren schlimmsten Ängsten. Als wertvolles und geachtetes Mitglied einer Gruppe zu gelten gibt uns Sicherheit und Geborgenheit. Unsere Hirne sind vor allem dafür gemacht, das Zusammenleben in einer Gruppe zu meistern. Und Loyalität ist ein sichtbarer Ausdruck dafür.

«Die grundsätzliche Aufgabe des Gehirns besteht darin, nicht nur das Überleben des einzelnen Menschen zu sichern, sondern auch das der Gruppe, zu der er gehört», sagt Christian E. Elger in seinem Buch «Neuroleadership». In diesem Satz sind praktisch schon alle

Zutaten beisammen, die es braucht, um Loyalität zu erzeugen: Zugehörigkeit erleben, füreinander einstehen, gemeinsam erfolgreich sein. Alle dauerhaft funktionierenden Zusammenschlüsse – und somit auch Unternehmen – tragen immer Loyalität in sich. Wir sind lieber eingebettet in eine achtbare Gemeinschaft, als ständig «auf der Flucht».

So ist es die vielleicht größte Herausforderung im Loyalitätsmanagement, zu verstehen, wie Gemeinschaften funktionieren. Denn dann verstehen wir auch Loyalität. Wer Mitglied einer Gruppe ist, unterwirft sich den geschriebenen und ungeschriebenen Spielregeln wie auch den sozialen Normen, die für diese Gruppe gelten. Solche Regeln klingen in etwa so: «Hilf denen deiner Gruppe! Steh für sie ein! Sei stolz auf sie! Sprich gut über sie! Sei loyal!»

Jeder, der in eine funktionierende Familienstruktur integriert ist, weiß, wovon ich rede. Im kleinen Kreis macht man sich schon mal über die Schrullen von Tante Lenchen lustig, aber nach außen dringt das nicht. Und alle wissen, wo Onkel Anton seinen Alkohol versteckt, aber wehe, die Nachbarn äußern einen Verdacht.

Der Psychologe Gerd Gigerenzer fasst dies wie folgt zusammen: «Identifiziere dich mit einer symbolischen Gruppe, kooperiere und verteidige ihre Mitglieder.» Nach außen grenzt man sich gegenüber anderen Kohorten ab, was schnell auch mal zu Feindseligkeiten führen kann. Bei Fußballspielen sind solche Prozesse gut zu beobachten. Aber nicht nur dort.

Auch Unternehmen pflegen Feindbilder. Und sie kennen eine ganze Reihe von Zeichen der Zugehörigkeit. Sie haben sich – in Form von Leitbildern – offizielle Spielregeln gegeben. Und jeder Neue kann glücklich sein, wenn er möglichst schnell in die unausgesprochenen Spielregeln eingeweiht wird, die noch viel wichtiger sind. Mögen außerhalb der Gruppe Feindbilder Sinn machen, innerhalb einer Organisation sind sie lebensgefährlich. Und wenn der Kunde zum Feindbild wird, dann ist das tödlich. Gemeinschaften, in denen es Austausch, Integration und Vermischung gibt, prosperieren.

Unternehmen sollten also – später hören wir mehr davon – ihren

Kunden in realen und auch virtuellen Communities eine Heimat geben. Gerade in schwierigen Zeiten rücken die Menschen enger zusammen und suchen Beistand bei anderen. Bürgerinitiativen und Selbsthilfegruppen entstehen. Die Solidarität wächst.

Im Business stärkt man sich durch Zusammenschlüsse: Marketing-Kooperationen, Franchise-Systeme und Schnäppchendienste boomen. Konsumenten bilden Interessengruppierungen und setzen die Anbieter so unter Verhandlungsdruck. Online-gesteuerte Verbraucherboykotte sind inzwischen ein Massenphänomen. Gemeinsam ist man eben stärker.

«Gemeinschaftswerte stehen wieder hoch im Kurs und nehmen entscheidenden Einfluss auf Wirtschaft, Gesellschaft und Lebensstile», meint der Kelkheimer Zukunftsforscher Eike Wenzel. Und Kerstin Ullrich sagte in der GIM Studie Delphi 2017: «Nach Jahren der Abgrenzung von anderen und des kompromisslosen Strebens nach individueller Selbstverwirklichung wächst heute das Bedürfnis nach Gemeinschaft.»

Weitere Unterstützung bekommt diese These durch Eric Greenbergs Kultbuch «Generation We». Und nicht nur Barack Obama («Yes, we can!») hat das verstanden. Auch in der Werbung zeichnet sich die Tendenz zu einem neuen Wir-Gefühl ab, wie eine Untersuchung des Hamburger Trendbüros in Zusammenarbeit mit Slogans. de ergab. Neben einer gestiegenen Nutzung des Wortes «gemeinsam» zählte das englische Wort «we» in 2009 erstmals zu den Top 15 der meistverwendeten Begriffe in Werbeslogans. Dies drücke, so die Initiatoren, auch eine Forderung nach mehr Partizipation und Kooperation aus. Dem «Wir» gehört die Zukunft. Und in jedem «Wir» steckt eine Menge Loyalität.

Auf Lebzeiten treu?

Loyalität zählt zu unseren edelsten Werten. Doch sehen wir der Wahrheit ins Auge: Wer ist heute schon noch auf Lebzeiten treu? Jahrzehntelange gute Beziehungen sind zu einer bestaunenswerten Rarität geworden. Dauerhafte Bindungen sind ein Auslaufmodell.

Längst ist der ständige Wechsel Normalität. Und warum sollte das bei einer Kundenbeziehung anders sein? Immer schneller dreht sich das Karussell aus Kunden akquirieren, Kunden loyalisieren, Kunden verlieren. Die Frage ist nun: Ist dies ein soziales Phänomen? Oder etwa hausgemacht?

Auf der Suche nach Antworten kommen einem zunächst die üblichen Verdächtigen in den Sinn: Überproduktion, Verdrängungswettbewerb, Vergleichbarkeit, hohe Markttransparenz. Klar, es gibt von allem viel zu viel, wir haben Käufermärkte. Unternehmen verkaufen in volle Bäuche, in volle Kleiderschränke und in volle Fertigungshallen. Wir Kunden haben schon alles – wenn auch vielleicht auf Kredit. Wir müssen nicht, wir wollen höchstens noch kaufen. Doch das ist gleichzeitig auch eine gute Nachricht: Das Wollen der Kunden ist mächtig, wenn man weiß, wie es zu gewinnen ist. «Kaum ist ein Wunsch erfüllt, kommt schon der nächste angekrochen.» So hat es Wilhelm Busch einmal gesagt. Wieso das so ist?

> Menschen wollen sich glücklich kaufen.

So wird Altes durch den Zauber des Neuen verdrängt. Und seitdem alles Begehrenswerte via Internet in Windeseile auffind- und vergleichbar ist, wird der Wunsch nach Abwechslung *(Variety Seeking)* immer größer. Dem ewigen Locken des Neuen erliegt man nur allzu gern. Es ist nichts Ungewöhnliches mehr, regelmäßig den Lieferanten zu wechseln. Selbst ganz und gar zufriedene Kunden ziehen einfach von dannen, wenn irgendwo ein besseres Angebot winkt oder eine neue Marke angesagter ist. Denn das Risiko von Fehlkäufen ist heute gering. Die erwartungsfrohe Lust auf Neues ist stärker als die erlahmende Freude am Alten. Und Vorfreude – das ist aus der Hirnforschung bekannt – ist ein mächtiger Motivator.

Es gibt Menschen, die werden von allem Neuen wie magisch angezogen. Die meisten allerdings – und das ist eine äußerst nützliche Nachricht im Loyalitätsmarketing – bevorzugen das, was sie schon kennen, den, dem sie vertrauen, und die, wo die Erfahrungen positiv sind. «Lieber ein bekanntes Elend als eine unbekannte Freude», sagt treffend der Volksmund. Der Grund: Unser Hirn liebt Routinen, denn unser Hirn ist faul. Die Angebotsvielfalt ist schon verwirrend genug. Und mit jeder Google-Anfrage wird die Welt ein wenig komplexer. Da verschafft der Rückzug auf Bekanntes dem Hirn eine Atempause. Loyalität heißt also auch: *Brain-Convenience*.

Auf immer und ewig treu, das wäre natürlich ein Traum. Doch die «alte» Loyalität, die durch bedingungslosen Gehorsam gekennzeichnet ist, die kann man getrost zu Grabe tragen. In einer Konsumgesellschaft wird man tagtäglich zur Untreue verführt. Unternehmen und Kunde werden sich also irgendwann auseinanderleben. Aber bis es so weit kommt, das sollte dauern. Als Lieblingsanbieter zu gelten, Lebensabschnittsbegleiter seiner Kunden zu sein, möglichst lange gute Kundenbeziehungen zu gestalten, das ist heute das Ziel. Nennen wir sie doch ganz trendig: *Loyalität 2.0*. Um diese wird es nun weiter gehen.

Loyalität muss man sich verdienen

Loyalität ist heute ein flüchtiges Gut. Man muss sie sich – genau wie seinen guten Ruf – immer wieder neu verdienen. Wer einen hohen Nutzwert bietet und eine außergewöhnlich attraktive Leistung präsentiert, wer tiefes Vertrauen aufbaut, weil er seine Kunden fair behandelt, wer sie immer wieder neu begeistert und stets in ihrer Wahl bestätigt, der bekommt Loyalität geschenkt – Loyalität jenseits der Vernunft. Denn Loyalität ist immer auch ein wenig irrational. So ganz genau kann man oft gar nicht erklären, was an einem Anbieter so überaus anziehend ist. Natürlich, eine Reihe guter Gründe gibt es schon – aber da ist noch mehr.

Loyalität in all ihren Ausprägungen ist, weil sie eine *emotionale* Resonanz erzeugt, rätselhaft unergründlich. Am ehesten vergleichbar ist sie mit der Liebe: Es muss funken zwischen Anbieter und Kunde. *Nur* zufrieden sein ist nicht genug. Zufriedenheit ist das Nichtvorhandensein eines schlechten Gefühls. Und höchstens ein ganz klein wenig ein gutes Gefühl. Insofern ist Zufriedenheit instabil. Beim kleinsten Fehler, beim erstbesten Sonderangebot, bei Auftauchen eines cooleren Anbieters oder dem Hauch einer feineren Leistung sind zufriedene Kunden auf und davon.

Loyalität bekommt nur der geschenkt, der Kundenerwartungen (deutlich) übertrifft. Alles, was mit blumigen Werbeworten von buntem Prospektmaterial, über das Internet und von Ihrem Verkäufergeschwader versprochen wird, muss nicht nur eingelöst, sondern sogar überboten werden. Überrascht, fasziniert, wie magisch angezogen und Ihrer Sache leidenschaftlich verbunden muss der Kunde sein, das ist der beste Nährboden für *dauerhafte* Treue.

«Alles, was wir begehren, hat seinen Ursprung in der Leidenschaft. Leidenschaft macht bedingungslos treu. Solange man etwas leidenschaftlich begehrt, bleibt der Blick auf den Rest der Welt verstellt.» So illuminiert der österreichische Philosoph Eugen Maria Schulak die loyalisierende Leidenschaft. Leidenschaft kann beim Kunden aber nur dann entstehen, wenn sich die Leidenschaft in allem, was der Anbieter tut, offenbart. Sorgfältig, zuverlässig, freundlich sein, das sind Basics, das langweilt schon fast und hat noch viel mit «müssen» zu tun. Damit allein fährt man keine Loyalitätspunkte ein. Das herzliche «wollen», gepaart mit Brillanz, mit Kreativität, mit einem Hauch Verrücktheit und, na klar, mit Sexyness, das sind die Ingredienzien für Leidenschaft. Unternehmen, die solches zu bieten haben, denen folgen wir blind.

Nicht Mittelmaß, sondern Beziehungsexzellenz ist also vonnöten. Wer dabei vorrangig an der Einstellung seiner Mitarbeiter statt nur an ihrem Verhalten arbeitet, kann deutlich bessere Erfolge verbuchen. Verhalten wird über Kompetenz und Effizienz, also über Wissen und Können sichtbar, die Einstellung hingegen über das Wollen. Eine fehlende Einstellung verschlechtert die Leistung und färbt das Verhalten negativ. Es wirkt dann mühsam und lustlos oder aufgesetzt und andressiert. Die Kunden werden solches wohl hinnehmen müssen? Das tun sie schon lange nicht mehr.

Der Kunde ist der wahre Boss

Ob die Unternehmen wollen oder nicht: Die Kunden haben sich von passiven Befehlsempfänger-Konsumenten («Kaufen! Sie! Jetzt!») zu aktiven Marktgestaltern und Kaufverhaltensbeeinflussern gewandelt. Das bedeutet: Nicht länger die Anbieter, sondern deren Kunden bestimmen inzwischen die Spielregeln, nach denen «verkaufen» gespielt wird. Die Kunden geben die Marschrichtung vor. Wer nicht spurt, dem kehrt man den Rücken. Das Verhältnis hat sich umgekehrt: Die Unternehmen wurden vom Jäger zum Gejagten. Der Kunde ist der wahre Boss.

Vor allem die vielfältigen Dialog-Möglichkeiten des Web 2.0 (Blogs, Foren, Meinungsportale, Twitter, Social Networks usw.) haben die Beziehungen zwischen Kunde und Unternehmen grundlegend verändert. Gute wie auch schlechte Taten können innerhalb kürzester Zeit weltweit bekannt gemacht und diskutiert werden. Unternehmen benehmen sich also besser ordentlich und behandeln ihre Kunden gut, denn in der Web-2.0-Welt kommt alles raus. Wer schlechte Leistungen erbringt, verheimlicht, verschleiert, bei Leistungsfeatures lügt oder bei der Preisgestaltung betrügt und so den Kunden über den Tisch ziehen will, hat ein echtes Problem. Der Kunde nämlich, der nur pariert und ohnmächtig jegliche Form von «Un-Service» über sich ergehen lässt, gehört endgültig der Vergangenheit an.

Auch das Trommelfeuer unehrlicher Werbung hat ausgedient. Untaugliche Produktdetails, unkorrekte Geschäftspraktiken und inkompetente Ansprechpartner können sich die Firmen immer weniger leisten. «In a hyper connected world the cost of beeing evil is rising», hat Dieter Rappold, Geschäftsführer der Wiener Medienagentur Knallgrau, in einem Interview mit der Zeitschrift «Bestseller» gesagt. Die Kunden helfen als Promotoren den guten Anbietern und schaden als Saboteure den schlechten. Das Vertrauen in Hersteller und Händler nimmt ab, das Vertrauen in eigene Netzwerke wächst. Marketing findet mittlerweile auch ohne die Unternehmen statt. Was wirklich zählt, ist die authentische Meinung von Menschen wie «du und ich».

Anstatt den bunten Werbewelten zu lauschen, beschaffen sich

Kaufinteressierte die relevanten Informationen zunehmend von Zeitgenossen und nicht mehr direkt von den Anbietern. «Wir in der Werbeindustrie sind mittlerweile zu Kanalarbeitern verkommen, die dumme Marketingbotschaften für schlechte Produkte in langweilige Werbung übersetzen und damit alle möglichen Medien verstopfen in der leisen Hoffnung, dass es da draußen immer noch genug Ahnungslose gibt, die sich von so was verführen lassen», schreibt Amir Kassaei, CCO bei der DDB Group, in einem Essay für die Zeitschrift «Werben & Verkaufen».

Unternehmen müssen sich – ob sie wollen oder nicht – daran gewöhnen, dass ihre Kunden die Kommunikationsarbeit, den Vertrieb und sogar Innovationsprozesse immer öfter selbst in die Hand nehmen. Nicht mehr durch klassische Werbekampagnen, sondern vor allem durch sich selbst organisierende Kundenschwärme werden Marken und neue Trends gemacht. Nicht länger die Presseabteilungen, sondern meinungsstarke Expertenkunden – die sogenannten «Alphas» und «Mavens» – sichern in Zukunft als Stimmungsmacher und Referenzgeber die Reputation eines Unternehmens. Wer das immer noch nicht verstanden hat, ist morgen tot.

Nur solche Unternehmen werden wohl überleben, die ihre Kunden aktiv involvieren, integrieren und zu Mitgestaltern machen. Mitmach-Marketing nennt sich das. Dabei werden Kunden zu Beratern, zu Co-Kreatoren, zu Entscheidern und zu kostenfreien Promotoren der Unternehmensleistungen. Dies sorgt für Identifikation und emotionale Verbundenheit. Eine Loyalitätsgarantie ist das nicht – und die kann es auch niemals geben. Doch mitgestaltende und damit eingebundene Kunden hängen an «ihrem» Anbieter, sie sprechen beherzt über ihn und werden sein Wohl und Wehe rührig begleiten. Sie werden «ihrem» Betreuer und «ihrer» Marke die Treue halten. Dies ist die beste Prävention. Denn schließlich: Wer lässt schon gerne sein «eigenes Baby» im Stich?

So gilt es nun, seine Kunden nach Loyalitätsgesichtspunkten zu clustern und – wie im Laufe des Buchs vertieft wird – loyalisierend zu bearbeiten.

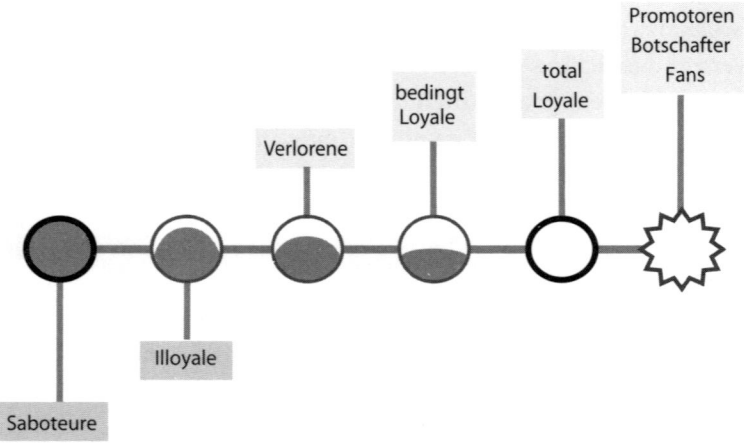

Abb. 1: Die sechs Kundensegmente im Loyalitätsmarketing.

Der flüchtende Kunde

Die Illoyalen sind auf dem Vormarsch. Und täglich werden es mehr. In manchen Branchen ist Kundenmigration inzwischen schon ein Massenphänomen: Die Kunden laufen in Scharen davon. Und das ist dramatisch, denn meist wird es richtig teuer, wenn ein abgewanderter Kunde durch einen neuen ersetzt werden muss. Hohe Fluktuationsraten gelten als einer der stärksten Kostentreiber in der Marktbearbeitung. Und schlimmer noch: Wer seine Kunden einfach ziehen lässt, könnte bald allein dastehen.

Der Kundenmonitor Deutschland hat bereits im Rahmen seiner 2007er-Untersuchung vermeldet: Die Kundentreue sinkt, die Wechselbereitschaft steigt. Nachlassende Kundenloyalität trifft demnach insbesondere den Einzelhandel, aber auch Stromversorger, Reisebüros, Bausparkassen und Banken. So wollten nur noch 51 Prozent der Befragten ihre Bank bestimmt wieder wählen. Bei Mobilfunkkunden betrug diese Rate 41 Prozent, bei Internetanbietern 37 Prozent und bei Fondsgesellschaften nur 25 Prozent.

Und die GfK (Gesellschaft für Konsumforschung) stellte in ihrer 2008er-Studie «Die Stammkunden wandern ab. Schicksal oder Versäumnis?» fest, dass auch die Markenloyalität massiv erodiert. Die Hersteller, so die Studie, seien sich dessen nicht einmal ausreichend bewusst. Viele Unternehmen vernachlässigten ihre Stammkundschaft, sie seien zu marktanteilsfixiert und demzufolge vor allem auf das Neugeschäft konzentriert. Die Autoren plädieren für «die Einsicht, dass die Stärke einer Marke und die Effizienz der Markenführung nicht von der Gewinnung möglichst vieler Neukäufer abhängt, sondern von einem hohen und stabilen First Choice Buyer Anteil (= Stammkunden)».

Es gibt Branchen, da ist der Kunde, so scheint es, nichts als ein Etwas zur kurzfristigen Provisionssteigerung. Der Vertriebsleiter eines Allfinanz-Anbieters sagte mir kürzlich: «Jedes Mal, wenn Bestandskunden bei uns anrufen, sind das für uns Kosten.»

Das heißt: Jeder Bestandskunde stört, weil man mit ihm nur Arbeit hat, aber kein Geld verdient. Versicherungsunternehmen wollen ja gerne Finanzdienstleister heißen, vergessen nur allzu gerne den Dienst dabei, denn der geht ins Geld. Wenn aber Dienstleistung versprochen wird, muss sie auch geboten werden, sonst fühlt sich der Kunde getäuscht. Und das kostet letztlich nicht nur Kundentreue, sondern genau die Empfehlungen, von denen man lebt.

Na klar – es gibt in jedem Unternehmen eine natürliche Abschmelzquote. Wir können nicht alle Kunden haben und halten – und manche wollen wir auch nicht. Veränderte Lebensumstände oder eine Geschäftsaufgabe können zum Beispiel zu Ausfällen führen. Oder die Konkurrenz ist einfach attraktiver. Oder der neue Ansprechpartner bringt seine eigenen Lieferanten mit. Neue Konsummärkte, sich wandelndes Sozialverhalten und hohe Produktstandards, die das Wechseln risikolos machen, werden einen gewissen Einfluss haben. Die schnellen Informationszugriffe und die kostengünstigen Kaufmöglichkeiten im Internet mögen eine Rolle spielen. Auch ethische Gründe können für einen Wechsel sprechen. Doch all das erklärt Kundenflucht nur ansatzweise.

Meine These lautet: der Mangel an Kundenloyalität und die damit einhergehenden Kundenverluste sind in erster Linie hausgemacht. Die größten Loyalitätszerstörer heißen: Austauschbarkeit, Preis-Aktionismus, emotionale Kälte und ständig wechselnde Ansprechpartner. Wer schon allein an diesen Punkten ansetzt, kann die Kundentreue beträchtlich erhöhen und damit seine Fluktuationsraten deutlich senken. Das werden wir später ausführlich beleuchten. Bevor wir uns allerdings dem Operativen zuwenden, heißt es, ein tragfähiges Fundament für Kundentreue zu legen.

Customer first?

Den Kunden und seine Bedürfnisse an die erste Stelle zu stellen ist eine Methusalem-Weisheit in Management und Marketing. Rein theoretisch. In der Praxis sieht das aber immer noch ganz anders aus. Schauen wir uns mal ein wenig um:

- *Webseiten:* «Wir über uns» heißt vielfach der erste Navigationspunkt. Was dann folgt, ist Selbstbeweihräucherung und Eigenlob. Klänge «Wir für Sie» oder «Wir mit Ihnen» nicht schon sehr viel besser? Und wäre es nicht deutlich wirkungsvoller, wenn einen die Kunden loben? Das ist auf Webseiten und in Verkaufsmaterial leicht einzubinden, wie wir noch sehen werden.

- *Verkaufspräsentationen:* Wir über uns, so geht das zwanzig Folien lang. Schließlich auf der letzten Seite: der Logofriedhof mit den bestehenden Kundenbeziehungen. So lernt man dann: Der Kunde kommt zum Schluss. Dabei müsste er gerade im Vertrieb an erster Stelle stehen.

- *Ein übliches Organigramm:* Der Chef thront ganz oben, darunter säuberlich aufgereiht seine brave Gefolgsmannschaft. Von Kunden keine Spur. Selbst die unmittelbaren Kundenloyalisierer, die «einfachen» Mitarbeiter, kommen in den wenigsten Organigrammen vor. Ganz offensichtlich: ein reines Selbstverherrlichungsprogramm der Führungsspitze.

- *Ein x-beliebiges Leitbild:* Meistens beginnt es vollmundig und schwungvoll mit «Wir». Zum Beispiel so: «Wir sind die Nr. 1 unserer Branche und stehen für...» Die Kunden sucht man oft vergebens. Dabei ist doch sonnenklar: Es sind die Kunden, die einen zur Nummer eins machen – oder auch nicht.

- *Der Verlauf eines Meetings:* Alles dreht sich um Zahlen, Daten, Fakten, Prozesse und Projekte. Sich-mit-sich-selbst-Beschäftigen steht auf dem Programm. Kunden auf der Agenda? Fehlanzeige! Das lässt sich leicht ändern. Der erste Tagesordnungspunkt könnte fortan lauten: Der Kunde spricht. Und dann wird über Kunden-Erfolgsgeschichten berichtet.

Diese erste Aufzählung zeigt Mängel im strategischen Bereich, die großen Tode dauerhafter Kundenbeziehungen sozusagen. Viel zermürbender sind die täglichen kleinen Sünden am Kunden, die schließlich jedes Wohlwollen zum Absterben bringen. Vieles davon ist einfach unbedacht. Manches passiert aus fehlender Einsicht. Das meiste allerdings geschieht aus einer oft immer noch viel zu selbstfokussierten Einstellung heraus.

In Mobilfunkanbieter-Shops zum Beispiel haben die Mitarbeiter Hochhocker zum Sitzen, Kunden müssen stehen. Das ist – höchstwahrscheinlich – einfach unbedacht. Immerhin: Es gibt noch bedienungsfähige Verkäufer dort. Anderswo im Handel sind sie schon vom Aussterben bedroht. Dort kümmert man sich eher um den Verlust von Einkaufswagen als um Kundenverluste. Das ist mangelnde Einsicht.

Die Banken haben ihre Kunden aus den Schalterhallen vertrieben, um dann verzweifelt festzustellen, dass diese nicht zu den Automaten, sondern zu den Direkt-Banken abgewandert sind – und nun nicht mehr in die Beratungsecken zurückkehren wollen. Und die, die sich dorthin zurückwagten, haben erschüttert feststellen müssen: Hier geht es gar nicht um das Kundenwohl, sondern um dicke Boni für die Angestellten und fetten Profit für die Bank. Das war egozentriert und außerdem sträflich kurzsichtig gedacht. Das Ergebnis ist bekannt.

«Woran erkennt der Kunde bei uns, dass wir hier nicht nur Sonntagsreden schwingen, sondern dass er in unserem Unternehmen tatsächlich an erster Stelle steht? Und woran erkennt er dies nicht?» Solche und ähnliche Fragen gehören täglich auf die Agenda. Sie müssen vor allem immer dann gestellt werden, wenn kundenbezogene Entscheidungen zu treffen sind. Anbieter werden nicht an ihren schönen Worten gemessen, sondern an ihren Taten.

Wer einem dabei am besten zu optimalen Antworten verhelfen kann? Der Kunde selbst. Wenn Sie ihm kluge Fragen stellen. Zum Beispiel so: «Nur mal angenommen, Sie wären bei uns Marketingleiter, was würden Sie schleunigst verändern?» Oder: «Nur mal angenommen, Sie hätten bei uns Vertriebsverantwortung, was würden Sie als Erstes verbessern?» Die Kunden – und dabei vor allem die kritischen und unzufriedenen – können am besten sagen, wie sich ein Unternehmen weiterentwickeln lässt. Auch darüber später viel mehr.

Jagen oder hegen & pflegen?

Eigentlich dürfte daran gar kein Zweifel bestehen: Stabile und dauerhafte Kundenbeziehungen sind die Lebensversicherung eines Unternehmens. Der unrentierlichste Auftrag ist ja bekanntlich der erste. Denn auf ihm lasten all die Aufwendungen, die das mehr oder wenige lange Werben ausgelöst hat.

So muss es doch das größte unternehmerische Bemühen sein, alles zu tun, um die angefallenen Akquise-Kosten auf eine möglichst lange Kundenbeziehungszeit zu verteilen und nachhaltiges Wachstum aufzubauen. Nachhaltigkeit *(Sustainability)*, um dieses populäre Schlagwort auch einmal zu erläutern, kommt ursprünglich aus der Forstwirtschaft. Es beschreibt die bestandserhaltende Bewirtschaftung des Baumbestandes. Das passt – im übertragenen Sinne – ganz wunderbar zur bestandssichernden Kundenpflege. Doch leider: Die Unternehmensstrategien unterstützen dies nicht.

Nun ja, das ist auch schwierig, wenn alle zwei Jahre der Marketingleiter wechselt und alle drei Jahre das Top-Management geht.

Zumal in der Folge schon fast zwanghaft das Löwe-Spiel zu spielen ist: Beiß erst mal alles tot, was von deinem Vorgänger stammt. Manager müssen Spuren hinterlassen, heißt es so schön. Nur sind das nicht selten die Blutspuren ad-acta-gelegter Kundenprojekte, zerstörter Markenkontinuität und zweifelhafter Blitzkriege im Neukundengeschäft. In all diesen Fällen bleibt Loyalität auf der Strecke. Aber was soll's, man soll 100-Tage-Ergebnisse präsentieren. Die Medien schreien geradezu danach – immer noch! Wer will da mit leeren Händen kommen? So wird Kurzfristdenke geschürt und wissentlich Zukunft geopfert. Hauptsache, man hat die längsten Balken in seinen Powerpoints.

«Schneller, höher, weiter» heißt dieser Virus, der wohl besonders gern in Männerhirnen nistet. Zum Wachstum (um jeden Preis) verdammt? Das Wachstumsdiktat ist eine Falle, die dem (nach Laurence J. Peter benannten) «Peter-Prinzip» nicht ganz unähnlich ist. So wie man immer weiter befördert wird, bis schließlich das Stadium der Inkompetenz erreicht ist, so wachsen Unternehmen nicht selten bis zur Bewegungsunfähigkeit. Oder in den Größenwahn. Bäume, Tiere, Menschen, alles hört irgendwann auf, zu wachsen. Das Einzige, was immer weiterwächst, ist Krebs.

Das sklavische Streben nach Mehr (mehr Umsatz, Rendite, Marktanteile) und die Sorge, den Anschluss zu verpassen, führt zu nichts als einem zerstörerischen Wettrüsten, das an der knallhart umkämpften Verkaufsfront ausgetragen wird. Bei solchen Beutezügen handelt es sich nun meistens um die Kunden der Konkurrenz – und der Kampf um sie verursacht auch eigene Wunden: schmerzhafte Preiszugeständnisse und Konditionen-Geschacher. Denn Attacken auf den Kundenpool der Mitbewerber gelingen nur mit attraktiven Ködern. Dabei ist es ein weit verbreiteter Irrtum, zu glauben, man könnte alle Kunden der Konkurrenz gewinnen. Jedes Unternehmen hat schließlich total loyale und damit nahezu abwanderungsresistente Kunden. Diese loseisen zu wollen verschlingt besonders viele Ressourcen. So werden profitable Stammkunden vernachlässigt, um unprofitable Neukunden zu jagen.

Und schlimmer noch: Wer immer nur an vorderster Front zugange ist und alle verfügbaren Waffen ins Schlachtfeld wirft, vergisst womöglich den Blick zurück. Da wird nämlich schon kräftig am eigenen Kundenstamm gesägt. In stagnierenden Märkten brechen einem genauso viele Kunden hinten weg, wie man vorne hereinholt. Der Gewinner in diesem Nullsummenspiel? Der Kunde! Denn für ihn wird es meistens billiger. Aber auch besser?

So müsste man sich also viel öfter mal fragen: Welche unserer Kunden sind absprungbereit? Wie erkenne ich ihre Warnsignale? Wie kann ich sie vor dem Wechsel retten? Und wie hole ich abgewanderte Kunden wieder zurück? Doch leider: Abhanden gekommene Kunden sind die ungeliebten Kinder des Vertriebs. Sie haben nämlich unangenehme Wahrheiten parat: Sie führen einem Niederlagen oder persönliches Versagen vor Augen. Da beginnt man doch lieber mit der Hatz nach Frischfleisch von vorn.

Natürlich sind neue Kunden wertvoll, aber nur dann, wenn man sie nicht auf Kosten seiner Bestandskunden gewinnt. Wer seine Verkäufer allerdings für Eroberungen belohnt, der braucht sich nicht zu wundern, wenn diese auf die Jagd nach LEOs gehen: *L*eicht *E*rlegbare *O*pfer – wie sie in manchen Vertriebsorganisationen immer noch heißen. Dabei werden Interessenten nur so lange umgarnt, bis sie anbeißen. Kaum ist die Tinte trocken, hat das heiße Werben ein Ende. Die Charme-Attacken versiegen, Routine kehrt ein. Erinnert uns das nicht ein wenig an private Beziehungen? Wie sagt die Braut beim Hochzeitsfest: «Heute ist mein schönster Tag.» Das heißt: Von da an geht's bergab. In bestehenden Kundenbeziehungen sieht es nicht selten ganz ähnlich aus. Da wird man nach Effizienz-Gesichtspunkten zwangsversorgt und soll sich in die vorbestimmten Abläufe fügen. Denn ist man erst mal Kunde, dann ist man zweiter Klasse.

Menschen zweiter Klasse

Unternehmen geben oft unglaublich viel Geld aus, um neue Kunden zu gewinnen. Doch kaum sind sie endlich eingefangen, wird an allen Ecken und Enden gespart: Mitarbeiter werden nicht trainiert, es sind zu wenige da, sie haben keine Lust – oder Frust. Sie werden schlecht geführt, sie haben keine Ressourcen, keinen Spielraum und keine Ideen, um Kunden zu begeistern und schließlich zu loyalisieren. Die Kunden sollen sich vielmehr einfügen und parieren.

Denn nichts stört den geregelten Ablauf einer Organisation so sehr wie der Kunde: Er verhält sich falsch («Haben Sie die Gebrauchsanweisung nicht gelesen?!!»), gehorcht selbst den überaus deutlich formulierten Benimm-Regeln nicht («Wait to be seated!») und hält die Mitarbeiter von der Arbeit ab («Entschuldigung, bedienen Sie auch?» – «Sehen Sie nicht, dass ich aufräumen muss?!»)

Der Kunde als Bittsteller, der um die Gunst schnippischer Verkäufer buhlt? Sich entschuldigen, wenn man etwas kaufen will? Oder Verkäufer jagen? Mit Geldbündeln, die er unbedingt loswerden möchte, kommt der Kunde an. Und dann marschiert das Geld, das schon im Laden war, wieder davon.

«Der Bestandskunde ist der dumme Goldesel. Früher wurde er als treuer Kunde geehrt», schreibt Gunter Dueck, Buchautor und Cheftechnologe bei IBM, und weiter: «Beim Googeln fiel mir auf, dass es seit einiger Zeit eine größere DSL-Bandbreite bei uns in Waldhilsbach gibt. Ich bat um Verdoppelung. Das ging sofort und kostete weniger im Monat als vorher.»

«Warum sagen Sie das nicht?» – «Warum fragen Sie nicht?»

Eine Versicherung, bei der ich seit Jahrzehnten jetzt sogar zeitweise vier Autos betreuen lasse, hat gerüchtweise die Tarife umgestellt. Das höre ich von Kunden anderer Versicherungen. Bei den neuen Tarifen ist bei Kaskoschäden die Freiheit der Werkstattwahl aufgehoben, dafür sind die Tarife angeblich dramatisch billiger. Ich gehe ins Internet, tippe bei meiner Versicherung meine Neukundendaten ein und bekomme ein dramatisch billigeres Angebot. 500 Euro statt 700 für ein Auto. Ich bitte um Umstellung, die gewährt wird.

«Warum sagen Sie das nicht?» – «Warum fragen Sie nicht?»

Ja, manchmal ist es eine Strafe, Stammkunde zu sein.

Oft genug zahlen Bestandskunden höhere Preise als Neukunden.

Sobald sich aber ein Kunde enttäuscht, angeödet, gemobbt oder sonstwie schlecht behandelt fühlt, beginnt er, über einen Wechsel nachzudenken. Und 84 Prozent aller Kunden, so eine Untersuchung von RightNow, sind nach schlechten Erfahrungen nicht mehr bereit, jemals noch Geschäfte mit diesem Unternehmen zu tätigen.

Und was läuft im Einzelnen falsch? Einer Untersuchung von CRMGuru zufolge verlassen 74 Prozent aller Kunden ein Unternehmen wegen des schlechten Service, 32 Prozent wegen schlechter Qualität und 25 Prozent wegen der Preise. Die gleichzeitig befragten Manager hingegen glaubten, es sei zu 49 wegen der Preise, zu 36 Prozent wegen veränderter Bedürfnisse und nur zu 22 Prozent wegen des schlechten Services. Das heißt, die Sündenböcke werden im Außen und nicht im Innen gesucht. Man zeigt lieber auf andere als auf sich selbst.

Dabei wäre es viel angebrachter, Selbstschau zu betreiben und im eigenen Unternehmen nach wunden Punkten zu suchen. Service am Bestandskunden hat für viele immer noch den Makel von Störungsbeseitigung und ist von daher ein Übel, das man am besten in Hinterzimmern versteckt. Für andere hingegen sind Service-Einheiten bereits eine sprudelnde Geldquelle, eine Pflegestation für Kundentreue und ein Profitcenter für Zusatzverkäufe. Exzellente Beziehungsqualität heißt automatisch auch hohe Loyalität. Im After Sales Service wird Loyalität gemacht.

Die Sünden am Bestandskunden

Die besten Kunden sollten auch am besten behandelt werden. Doch das Sündenregister schlechter Bestandskunden-Betreuung ist lang:

- Wie viele Unternehmen beschäftigen tatsächlich ihre bestbezahlten Mitarbeiter im Bestandskunden-Kontakt? Die Kundenjäger (= Hunter) sind die Helden vom Dienst und werden fürstlich entlohnt. Die Farmer (= Innendienstler) hingegen sind «zweite Klasse». Sie werden ins Back(!)office verfrachtet und stehen damit im Hintergrund. Oder wir finden sie eingepfercht in den «Hühnerställen» interner Call Center wieder, wo die Mitarbeiterfluktuation hoch und die Anerkennung niedrig ist. Sie sind die B-Mannschaft, die zweite Wahl. Dementsprechend werden sie auch bezahlt. Und genauso kommt das dann beim Kunden an. Hier muss sich vieles ändern. Aus «kalten» Call-Center-Begriffen wie Inbound und Outbound «warme» Begriffe wie Service und Dialog zu machen, schon das allein könnte einiges an Positivem bewirken.

- Doch schlimmer noch: Kunden werden an externe Call Center ausgelagert. Von dort aus werden selbst die besten Beziehungen durch nervtötende Anrufattacken und rüde Methoden zerstört. Um Beschwerden loszuwerden, zahlt man (bislang noch) bis zu 14 Cent die Minute. Man hängt ewig in Warteschleifen und muss sich zu allem Übel auch noch Werbegedudel anhören – auf eigene Kosten. Nach ellenlangen Zwangsansagen gerät man schließlich an ständig wechselnde, ahnungslose Agents, die Dienst nach Vorschrift tun und nichts entscheiden dürfen. Seinen eigenen Ansprechpartner zu haben, der kompetent und effizient die passende Lösung findet, ja, das wäre ein Traum.

- Aber selbst dort, wo dies möglich ist, werden solche Träume willentlich zerstört. Weil innerbetriebliche Reorganisationen Vorrang haben oder weil Service-Mitarbeiter den Betrieb fluchtartig verlassen (müssen), bleiben gewachsene und vertrauensvolle Kundenbeziehungen auf der Strecke, ohne dass man sich darüber Gedanken macht. Egal? Gerne erzählt der Stammkunde dem/der «Neuen» schon mal mit einem Augenzwinkern, was ihm üblicherweise in diesem Unternehmen Gutes widerfährt. Aber nicht ständig und nicht bei jedem neuen Mitarbeiter. Irgendwann verliert auch der loyalste Kunde die Lust, wechselbedingte Wissensdefizite bei den Mitarbeitern immer wieder auszugleichen.

- Leibhaftige Mitarbeiter für die Bestandskundenpflege gehören in manchen Branchen inzwischen unter Artenschutz. Kunden müssen sich mit Automaten und Sprachcomputern unterhalten und im Takt der Technik ticken. Sie werden in Datenbanken «verwaltet». Anstatt weiter in den Datenfriedhöfen ihrer CRM-Programme nach Erfolgsrezepten zu suchen, nähmen Unternehmen besser die Kundengespräche in der Web-2.0-Welt aufs Radar. Dort findet die nahe Zukunft statt. Doch das emsige Datensammeln dient meist sowieso nicht dem Beziehungsaufbau, sondern dem Versenden von Massenmailings. Sobald nämlich ein Unternehmen viel über seine Kunden weiß, werden sie per Post zugemüllt bzw. via Internet vollgespamt. Oder die Daten werden für ein paar Silberlinge verhökert. Solchen Verrat verzeihen die Kunden nicht.

Kundenabschreckungsprogramme gibt es viele und Kundenvergrauler auch, aber natürlich lässt sich das nicht verallgemeinern. Jede Menge KMU (kleine und mittelständische Unternehmen) da draußen machen es unglaublich gut – weshalb deren Chancen, Loyalität zu erzeugen, riesig sind. Nur leider stehen andauernd die Branchenriesen im Rampenlicht – und die haben eben Signalwirkung. «Wenn es die Goliaths so machen, und dabei nicht über die Wupper gehen, dann kann das so schlecht nicht sein», denkt sich der David und eifert munter dem Falschen nach. Wie so was möglich ist? Die wenigsten Menschen sind Vormacher, die meisten sind Nachmacher. So kommt es, dass Menschen sich an denen orientieren, die oben sind und das Sagen haben. Autoritätshörigkeit nennt man das.

Die Frage ist nun: Können Unternehmen wissen, was sie da anrichten und was das schließlich bewirkt? Definitiv ja! Sie bräuchten nur mit offenen Ohren ihren Kunden zuzuhören. So zeigte beispielsweise der bereits Anfang 2007 veröffentliche BMC Churn Index, dass 88 Prozent der deutschen Verbraucher ihren Anbietern gegenüber loyaler wären, wenn diese sich besser um bestehende Probleme kümmern würden. «Die Untersuchung zeigt, dass die Verbraucher ihre Anbieter aufgrund finanzieller Anreize wählen, schlechter Service (!) jedoch der eigentliche Auslöser für einen Anbieterwechsel ist», erläutert Peter Armstrong, der Vater des BMC Churn Index. Die Hauptabwanderungsgründe sind:

- Neue Rabatte wurden nicht auf bestehende Kunden angewandt;
- keine Information bei auftretenden Problemen;
- keine Honorierung von Vertragsverlängerungen;
- mangelnde Fähigkeiten und Kenntnisse des Call-Center-Personals;
- keine Kontinuität bei der Problemlösung.

Die Hälfte der in der Studie Befragten klagte übrigens darüber, dass es zwar Prämien für Neukunden, kaum aber für Kundentreue gibt. Durch spezielle Neukunden-Rabatte entstehe das Gefühl, dass sich die Firmen nur um die Neuakquise, nicht aber um bestehende Kunden kümmern. Die Studie zeigt auch: Die Wechselbereitschaft ist gerade in der Altersgruppe der 21- bis 44-Jährigen ausgeprägt. Und Männer wandern etwas häufiger ab als Frauen.

Treue belohnen!

Wer treue Kunden will, muss Kundentreue belohnen. Denn Menschen verstärken Verhalten, für das sie Aufmerksamkeit, Anerkennung und Belohnungen erhalten. Ist dies der Fall, wird unser cerebrales Belohnungszentrum aktiv. Es bedankt sich für positive Erfahrungen, wie etwa angenehme Kauferlebnisse, unkomplizierte Vorgehensweisen, herzliche Worte, ein ehrliches Lächeln oder ein wertschätzendes Lob, indem es Glückshormone ausschüttet. Solche körpereigenen Opiate, den Drogen chemisch sehr ähnlich, geben uns ein wohliges Gefühl. Sie machen uns – je nach Art und Dosierung – glücklich, euphorisch, ekstatisch. Und vor allem: Sie machen uns süchtig. Davon wollen wir mehr.

Doch leider auch hier: Das Falsche wird belohnt. Wer nämlich als Kunde mit Liebesentzug droht und seine Verträge nicht einfach verlängert, sondern regelmäßig kündigt, kann – zum Beispiel bei Mobilfunk- und Kabel-TV-Anbietern, bei Krankenkassen und Versicherungen, bei Zeitungen und Zeitschriften – so richtig absahnen:

fette Gutscheine, satte Nachlässe, Wunsch-Handys, freie Vertrags-laufzeiten, kostenlose SMS. Ein paar Hundert Euro kommen da schnell mal zusammen.

Aber nur, wenn man kündigt! All die lieben netten braven Kunden, deren Vertrag sich stillschweigend von Jahr zu Jahr verlängert, bekommen natürlich nichts. Nicht mal auf Nachfrage. Untreue wird belohnt. Treue wird bestraft. Schön blöd, unter solchen Umständen treu zu sein. Also: Wir kündigen jetzt überall. Denn wir haben verstanden: Treu sein bringt nichts, wer kündigt, ist Held. Darüber werden wir stolz unseren Freunden berichten. Und im Internet erklären wir der ganzen Welt, wie so was funktioniert.

Beim nutznießenden Kunden kommt sicher Freude auf – doch marketingtechnisch ist so was ein Sündenfall. Denn auf diese Weise wird uns Kunden der letzte Rest Loyalität aus dem Herzen geeist. Wir lernen: Solange wir treudoof die Melkkuh geben, passiert nichts, rein gar nichts: kein Dank, keine Wertschätzung, oft nicht mal ein Kontakt. Erst wenn wir kündigen, werden die Firmen so richtig entgegenkommend. Da regnet es plötzlich lauter schöne Überraschungen. Das heißt: Kundenliebe wird mit Geld zurückgekauft.

«Habe mich grad vorgestern wieder geärgert, dass Sunrise allen möglichen Leuten Geschenke nachschmeißt, nur mir nicht, obwohl ich seit fast zehn Jahren Kunde bin», erzählt mir eine Schweizer Journalistin. Da ist es ja nur eine Frage der Zeit, bis daraus ein Presseartikel wird.

Wer seine Kunden aufs systematische Kündigen abrichtet, statt sie zu hegen und zu pflegen, dem mag man wünschen, dass dies mit einer wahren Kündigungswelle bestraft wird. Doch leider ist der Schaden größer: Das Misstrauen gegen die Anbieter am Markt wird weiter geschürt. Und die Aggressivität der Verbraucher wird zunehmend steigen – beides Dinge, die wir gerade jetzt nun wirklich nicht gebrauchen können. Und schlimmer noch: Verbraucher mit solchen Kündigungserfahrungen werden das nun bei allen und jedem erwarten.

Viele Unternehmen belohnen also die Falschen, nämlich Interessenten, damit sie Neukunden werden, und Abwanderungswillige, damit sie bleiben. Auf der Strecke bleiben die Loyalen. Dabei ist doch völlig klar: Für den Kunden muss es einfacher, praktischer, sinnvoller, bequemer, angenehmer – also insgesamt vorteilhafter – sein, seinem Anbieter die Treue zu halten, anstatt ständig die Fliege zu machen. Unternehmen müssen Loyalität attraktiver machen als Nicht-Loyalität. Und sie müssen Kundentreue belohnen – ohne dass man darum betteln muss.

Also: Nicht die unangenehmen Kündiger, sondern die braven Vertragsverlängerer erhalten die Goodies. Nicht die Neukunden, sondern Bestandskunden bekommen die besten Angebote, Sonder-preise, Exklusiv-Services und unbezahlbare «Money can't buy»-Events. Der Fantasie sind dabei keine Grenzen gesetzt. Und sagen Sie dem Kunden unbedingt, dass Sie all das nur deshalb tun, weil er zum Kreis Ihrer Stammkunden zählt. Viele Unternehmen tun viel Gutes für ihre Kunden, aber sie reden nicht darüber. Das ist dumm.

Unternehmen loyalitätsfokussiert führen

Eine Fokussierung des gesamten Unternehmens auf die dauerhafte Loyalität seiner Kunden ist zunehmend die einzig verbleibende Möglichkeit für eine prosperierende Zukunft. Bislang zieht sich al-lerdings die Vernachlässigung der Bestandskunden als «2.-Klasse-Kunden» und die entsprechende Vernachlässigung ihrer Betreuer als «2.-Klasse-Verkaufsmitarbeiter» wie ein roter Faden durch die Ma-nagementdenke der letzten Jahrzehnte. Obwohl die Märkte rückläu-fig sind, steht das Kundenjagen immer noch höher im Kurs.

Einer Untersuchung von Steria Mummert Consulting und dem Institut für Management- und Wirtschaftsforschung (IMWF) zu-folge stufen nur knapp 30 Prozent der befragten Unternehmen die Stammkundenpflege ertragreicher ein als die Neukundengewin-nung. Liegt das vielleicht daran, dass Erstere als Defensiv-, Letztere hingegen als Offensiv-Strategie gilt? Defensiv im Vertrieb? Das geht gar nicht! Da denkt man doch gleich an Warmduscher, Sauna-Un-tensitzer und Beckenrand-Schwimmer. Dann schon lieber Kunden verheizen! Läuft das schlecht, wird der Außendienst noch weiter aufgestockt - und beim Innendienst setzt man mal wieder den Rotstift an. Früher haben die Kunden das leidend ertragen, heute nehmen sie einfach den Hut. Und die besten Mitarbeiter machen es genauso.

So wird sichtbar: Interne und externe Loyalität korrelieren. Wer es intern an Loyalität mangeln lässt, der wird sie auch bei seinen Kunden nicht auslösen können. Dabei entwickelt sich Kundenloyalität nur auf Basis einer loyalitätsfokussierten Unternehmens- und Vertriebskultur. Denn Loyalität ist keine Einbahnstraße. Gerade in kundennahen Bereichen ist festzustellen: Nur die dem Unternehmen verbundenen, engagierten, ambitionierten und begeisterten Mitarbeiter können und wollen am Ende auch Kunden begeistern. Sind aber die Kunden nicht begeistert, dann bleiben sie nicht. Und gerade die profitablen sind schnell wieder weg. Deshalb propagiere ich hiermit einen neuen Indikator: Die Mitarbeiterbegeisterung für die Kunden. Im Rahmen einer Auftragsstudie der Forum Marktforschung aus Mainz ging es um ein Handelsunternehmen, dessen Filialen sehr unterschiedliche Renditeergebnisse erzielten. Dabei trat die Wechselwirkung zwischen Mitarbeitermotivation, Kundenloyalität und wirtschaftlichem Erfolg klar zutage. Filialen mit hoch motivierten Mitarbeitern konnten Kunden wesentlich besser binden als solche mit Beschäftigten am unteren Ende der Motivationsskala. Dort, wo die Kundenloyalität hoch war, waren schließlich die Renditen im Durchschnitt zwei- bis dreimal so hoch wie bei den Filialen mit niedrigen Loyalitätswerten.

Und in einer Untersuchung für Deutschlands Kundenchampions stellten die Mainzer fest, dass sowohl Cashflow als auch ROI (Return on Investment) und EBIT (Gewinn vor Zinsen und Steuern) bei den Unternehmen mit starker Kundenloyalität deutlich höher lag als dort, wo sie schwach war.

Ergo: Loyalität lohnt sich. Aber: Wer loyale Kunden will, muss loyalitätsfähig sein, also freiwillige Treue verdienen. Und das ist nicht die Sache einer Abteilung, sondern die Verpflichtung des gesamten Unternehmens. Dabei braucht es bereichsübergreifend (!)

eine große Menge Beziehungspflege – und ein klein wenig Kundenmanagement. In vielen Fällen ist es allerdings genau andersherum.

Kunden(treue) managen – geht das?

Natürlich haben sich die Unternehmen ausgiebig mit ihren Kunden beschäftigt. Nur eben meist auf eine solche Weise, wie Manager dies am liebsten tun: Daten strukturieren, Prozesse optimieren, Kennzahlen studieren. Die sogenannte «Hardware», also das Einführen von Steuerungsinstrumenten und die damit verbundenen Technologien standen im Vordergrund. Die sogenannte «Software», also Mensch Mitarbeiter und Mensch Kunde sind dabei ins Hintertreffen geraten. Und der gesunde Menschenverstand ist nicht selten auf der Strecke geblieben.

So schreiben sündhaft teure CRM-Programme den Mitarbeitern vor, wie sie die einzelnen Kunden zu betreuen haben. Menschen sind aber keine Daten. Und sie können auch nicht per ABC-Raster oder mit Hilfe von Service-Handbüchern und Betriebsanweisungen «gemanagt» werden. Anstatt also die Kunden in Regulative hineinzupressen, sollte sich alles um deren Bedürfnisse drehen. Wie kann es sein, dass man den Kunden Teams zuteilt, die diese gar nicht haben wollen? Der Kunde – und nicht das System – muss doch entscheiden dürfen, wer wann und wie oft auf welchem Weg mit ihm in Verbindung tritt! Wird man von einem Unsympathen zwangsbetreut und steht dieser auch noch zweimal pro Monat auf der Matte, dann überlegen Kunden ganz schnell, wie sie sich aus so einer misslichen Lage befreien können. Denn jeder kauft lieber bei Menschen, die er mag. Insgesamt muss die Einstellung, also die innere Haltung des gesamten Unternehmens den Kunden gegenüber, hinterfragt werden. Vor allem auf das *Wie* kommt es dabei an. Manager hingegen sind meistens viel zu intensiv mit dem *Was* zugange. So entstehen Umsetzungsdefizite auf der Ebene vom *Was* zum *Wie,* also aus der Theorie in die Praxis. Für den Kunden zählen aber nicht Papiertiger und Worthülsen, sondern die operativen Begebenheiten, die sie im unternehmerischen Alltag erleben. Und die sind vielfach ernüchternd genug.

Die Gesamtheit der Kundeninteressen lässt sich am ehesten in der Funktion eines Chief Customer Officers (CCO), dem Kundenvorstand, bündeln. Er trägt das Wort Kunde im Namen. Als deren Advokat vertritt er Kundenbelange mit Leidenschaft – und infiziert alle im Unternehmen, das Gleiche zu tun. Denn die Einzigen, die das Überleben eines Unternehmens auf Dauer sichern, sind dessen Kunden. In meinem Buch «Kundennähe in der Chefetage», das übrigens mit dem Schweizer Wirtschaftsbuchpreis 2008 ausgezeichnet wurde, findet der interessierte Leser hierzu eine Fülle von Anregungen. Es thematisiert vor allem die kundenfokussierte Mitarbeiterführung. In dem hier vor Ihnen liegenden Buch soll es nun weiter um eine loyalitätsfokussierte Unternehmensführung gehen.

Die Erfolgsfaktoren einer loyalitätsfokussierten Unternehmensführung

Spätestens seit der globalen Strukturkrise 2008/2009, die ja vor allem eine Vertrauenskrise war, ist klar: Wir leben in einer neuen Business-Welt. Der wahre Treiber dieser Zäsur? Das Web 2.0 mit seinen partizipativen Mitmach-Möglichkeiten. Der Begriff, Ende 2005 von Tim O'Reilly populär gemacht, markiert das Ableben des Von-oben-nach-unten-Monologs und den unumkehrbaren Beginn eines gleichrangigen Dialogs zwischen Unternehmen und ihren Anspruchsgruppen (Stakeholdern). Das Web 1.0 stand für Produkte und Handel, das Web 2.0 steht für Menschen und Gespräche.

Das, was schließlich zur Krise führte, war wohl das letzte Aufbäumen, um im alten System noch einmal kräftig abzusahnen. Nun wissen wir jedenfalls, was passiert, wenn der schnelle Dollar mehr wert ist als der treue Kunde. Und wir haben gelernt: Der größte Luxus im Business ist Menschlichkeit. «Es ist ein geradezu tragisches Versagen, dass Unternehmen durch Management genau der Qualitäten beraubt werden, die uns zu Menschen machen: unsere Lebenskraft, unser Einfallsreichtum und unsere Hilfsbereitschaft», sagt

Gary Hamel, Buchautor und Direktor von The Management Lab, in einem Beitrag für den «Harvard Business Manager».

So ist es nun höchste Zeit für neue Umgangsformen mit den Kunden – und der Gesellschaft. Ex und Hopp ist passé. Moralische Werte und ethische Konsumbedürfnisse bestimmen zunehmend das Marktgeschehen. Die Märkte der Zukunft verkaufen soziale Verantwortung und Lebensqualität. «Zu den Gewinnern und Marktführern von morgen gehören die Unternehmen, die Zufriedenheit und Sinn vor die Profitmaximierung stellen», meint Eike Wenzel vom Zukunftsinstitut. Die Sinnkomponente hat schon längst auch die Arbeitswelt erfasst. Und so sagt es Philipp Schindler, Europachef von Google, der besten Unternehmensmarke 2009 und 2010: «Erfolg ist, wenn Kunden und Mitarbeiter glücklich sind.» Das stimmt! Die Web-2.0-Welt steht für Interaktion, Kollaboration und die «Weisheit der Vielen» (James Surowiecki). Sie steht für Open Source statt Closed Loop. Geschlossene Kreise und Kästchendenke sind Relikte aus dem letzten Jahrhundert. Open Innovation ist nunmehr gefragt. Anstatt also in immer schnelleren Zyklen selbsterfundene Produkte per Ein-Weg-Werbung in den Markt zu drücken, gehen zukunftsorientierte Unternehmen mit ihren Kunden eine lernende Beziehung ein, in der Letztere das Sagen haben – und dies nicht nur als Lippenbekenntnis, sondern als gelebte Praxis.

Um all das zu erreichen, müssen Anpassungen in den unterschiedlichsten Bereichen vorgenommen werden: in der Unternehmensorganisation, in der Vertriebskultur, bei den Anreiz-Systemen, bei den Mitarbeiter-Funktionen, in den Service Centern und im Prozessmanagement. Das muss heißen: aufhören, sich auf Kosten der Bestandskunden zu Tode zu sparen.

Und das kann heißen, kleiner statt größer zu werden. Kleinsein kann große Wettbewerbsvorteile mit sich bringen. Die Dinosaurier der Wirtschaft, die sich zum Nachteil der Gemeinschaft mästen, werden wohl sterben. «Raubtierkapitalismus ruiniert sich selbst. Wer Erfolg hat, indem er die Dummheit und Schwäche der anderen ausnutzt, zerstört damit die Umwelt, in der er Erfolg haben kann», sagt der Medienphilosoph Norbert Bolz.

Gewiss: Man kann nur mit den Waffen kämpfen, die man kennt. Und so ist Rückfall vorprogrammiert. Die Ewiggestrigen müssen deshalb ausgetauscht werden. Dazu noch mal Gary Hamel: «Um Unternehmen mit dem Rüstzeug für die Herausforderungen der Zukunft zu versehen, bräuchte es eine Managementrevolution, die nicht weniger bedeutend ausfallen dürfte als die Revolution, die zur Entwicklung der modernen Industriegesellschaft führte.»

In den neuen Geschäftsmodellen wird es um Kooperation statt Konfrontation gehen, und um sinnvolles Teilen anstelle von einseitigem Abschöpfen. Der ewige Männertraum von Eroberung und Unterwerfung funktioniert nicht mehr. Die These vom «Social Brain» setzt sich immer mehr durch. Sie besagt, dass Menschen nicht primär auf Egoismus und Konkurrenz ausgerichtet sind, sondern auf Zuwendung und gelingende zwischenmenschliche Beziehungen. Erst wenn diese enttäuscht werden, reagieren wir mit Angriff. Aggression ist also ein Notfallprogramm. Vorauseilende Aggressivität ist pathologisch. Ein dauerkompetitives Umfeld macht nicht nur die Mitarbeiter, sondern schließlich ganze Unternehmen krank. Man kann auch erfolgreich sein, ohne zu zerstören. Man kann Gewinne erzielen *und gleichzeitig* die Welt verbessern. Den Unternehmen, die solche Werte leben, wird ein Großteil der Kunden die Treue halten.

Bei all dem geht es um einen fortlaufenden, nie endenden Prozess. Patentrezepte gibt es nicht. Isolierte Aktiönchen verpuffen. Und mit einem hastig aufgesetzten Customer Rentention Program, das dazu dienen soll, flüchtende Kunden aufzuhalten, ist es keinesfalls getan. Wer nach den großen Trittsteinen sucht, dem kann ich die folgenden empfehlen:

- Verstehen, wie Loyalität funktioniert;
- Loyalität in die Unternehmenskultur einweben;
- Mitarbeiter als Kunden-Glücklichmacher befähigen;
- Kunden als Mitgestalter und Mitentscheider involvieren;
- Kundentreue hegen, pflegen und belohnen;

- Fan-Kunden als Promotoren und kostenlose Verkäufer gewinnen;
- Loyalitätsführerschaft zum strategischen Ziel erklären.

Ausprägungen dieser «Milestones» werden uns im weiteren Verlauf des Buchs immer wieder begegnen. Im Einzelnen geht es um eine Summe von Details, die, wie ein Puzzle richtig zusammengelegt, schließlich ein großes Ganzes namens Loyalität ergeben. Jedem Unternehmen stellt sich dabei die Aufgabe, Schritt für Schritt seine eigene, unverwechselbare Handschrift in Sachen Loyalität zu entwickeln. Und zwar erst im Innen, dann im Außen.

Die Loyalitätsführerschaft als Ziel

Als Loyalitätsführer werden solche Unternehmen bezeichnet, die in ihrer Branche die höchste Kundenloyalität erzielen. Bei ihnen ist Loyalität in der Unternehmenskultur, in der Unternehmensstrategie und im Leitbild fest verankert. Frederik F. Reichheld, internationaler Vorreiter des Loyalty Marketing, hat in seinen Untersuchungen herausgefunden, dass Loyalitätsführer *(Loyalty Leader)* durchschnittlich mehr als doppelt so schnell wachsen wie der Durchschnitt des Marktes. Wie man zum Loyalitätsführer wird? Indem man folgende «nicht verhandelbare» Meta-Regel erlässt:

> Nie auf Kosten rentabler loyaler Kunden!

Loyalitätsführer leben Loyalität glaubwürdig nach innen und außen, also ihren Beschäftigten, Partnern, Lieferanten und natürlich ihren Kunden gegenüber. Ihre Marken erzeugen eine hohe Markenloyalität. Ihre Mitarbeiter zeigen eine hohe Mitarbeiterloyalität und bewirken eine hohe Kundenloyalität. Die Unternehmensführung ist auf Nachhaltigkeit aus.

Loyalitätsführer schöpfen aus dem Potenzial der existierenden

Kundenbasis. Hierzu haben sie ihren Kundenbestand auf Entwicklungs- und Wachstumsstärke durchforstet sowie nach Loyalitäts- und Rentabilitätsgesichtspunkten segmentiert. Sie haben verstanden, dass Loyalität vor allem während der Besitz- bzw. Nutzungsphase aufgebaut werden kann und muss. Mit Hilfe des Touchpoint-Managements, das wir im vierten Teil dieses Buchs ausführlich beleuchten, identifizieren sie die maßgeblichen Loyalitätstreiber und dämmen Abwanderungsgründe ein.

Loyalitätsführer schaffen *mehr* anstatt weniger Kundeninteraktionspunkte, vor allem dort, wo Loyalität intensiviert werden kann. Sie sorgen für begeisternde Erfahrungen in den «Momenten der Wahrheit» und übertreffen die Erwartungen ihrer Kunden. Sie wissen, dass man vor allem durch einen gut gemachten persönlichen Kontakt die Loyalität dauerhaft steigern kann. Und sie belohnen die Treue der Kunden. Alles in allem: Sie gestalten die Kundenerlebnisse so, dass es keine Wechselgründe mehr gibt.

Wer schließlich die größte Loyalisierungskraft hat, der hat die Nase vorn. So sichern sich Loyalitätsführer eine Monopolstellung in Kopf, Herz und Geldbeutel ihrer Kunden. Total loyale Kunden sind blind und taub für den Wettbewerb. Sie sind überzeugte und begeisterte Immer-wieder-Käufer. Und sie sorgen als aktive positive Empfehler für leichtes, lukratives Neugeschäft. Dies ist der schnellste Weg zur Loyalitätsführerschaft.

1. Kundenloyalität auf dem Prüfstand

Loyalitätspotenzial wäre schon da, doch sind es meist die guten Gründe, die uns fehlen. Weil die Produkte so austauschbar sind. Oder weil sie uns emotional nicht berühren. Oder weil wir keinen Sinn darin sehen, sie zu besitzen. Oder weil wir uns mit ihnen nicht schmücken können. Produkte, denen wir die Treue schwören, müssen unsere Bedürfnisse nach funktionalen, emotionalen und sozialen Bedürfnissen stillen können. Und Anbieter brauchen nicht nur eine hervorragende Produkt- und Beziehungsqualität, sondern auch ein erstklassiges Image. Reputationsmanagement ist angesagt. Bestleister und angesagte Marken lassen auch uns erstrahlen. Wenn wir nicht selbst ganz oben stehen können, dann wenigstens im Schatten eines Helden.

Wer glaubhaft und nachvollziehbar die Nummer eins ist, wer einen Expertenstatus und ein exzellentes Image besitzt, wird Loyalität erhalten. Wer unique oder unersetzlich, knapp oder hipp ist, dem ist man treu. Bei Austauschbarkeit hingegen entscheidet immer der Preis. Denn dann ist der Preis das einzige Differenzierungsmerkmal. Unternehmen, deren Angebote einzigartig und unkopierbar sind, werden über Preise höchstens am Rande verhandeln müssen. Wer einen Nachfrage-Sog erzeugt, braucht nicht länger mit (Preis-)Druck verkaufen. Die Ware liegt da und lockt. Und die Leute sind ganz begierig darauf. Sie sind geradezu süchtig danach.

Wie so was entsteht? Indem Sie keine Produkte verkaufen, sondern Problemlösungen und gute Gefühle. Heute sind Kundenversteher gefragt. Was Menschen in Wirklichkeit kaufen: Sorglosigkeit, Erfolg im Business, ein Vertrauensverhältnis ohne Enttäuschungsgefahr, Lebensqualität und Seelenfrieden. Zeit, Ruhe und Freiraum, so heißt der neue Luxus. Wer sich solche Dinge kaufen kann und will, der schaut nicht aufs Preisschild. Wie man das hinbekommt? Nur wer versteht, wie das menschliche Hirn funktioniert, wird es schaffen.

Was im Hirn passiert, wenn Loyalität entsteht

Inzwischen ist allseits bekannt: Den «Homo oeconomicus» gibt es nicht. Jede Kaufentscheidung, selbst wenn sie unter scheinbar rationalen Gesichtspunkten getroffen wurde, ist in Wirklichkeit eine emotionale Entscheidung. Ohne Gefühle sind wir nicht einmal in der Lage, eine Entscheidung zu treffen. Alle Entscheidungen durchlaufen, bevor sie ins Bewusstsein gelangen und endgültig gefällt werden, das limbische System und werden dort emotional markiert.

Die positiven, also angenehmen Marker sagen uns: «Weiter so!», die negativen, also unangenehmen Marker sind Signale für: «Kämpfe!» oder «Fliehe!». Es ist demnach gut, unseren Körper zu befragen, was er von einer Sache hält. Und noch besser ist es, zu lernen, auf die feinen Stimmen (= Stimmungen) des eigenen Körpers zu hören.

Ein wenig desillusionierend bezeichnet der Bremer Hirnforscher Gerhard Roth das bewusste Ich als eine Art Regierungssprecher, der Entscheidungen interpretieren und legitimieren muss, deren Hintergründe er gar nicht kennt und an deren Zustandekommen er noch nicht einmal beteiligt war. Gründe für oder gegen eine Entscheidung sind also oft nichts weiter als logisch klingende Erfindungen, um vor anderen oder uns selbst gut dazustehen. Marionetten unserer Neuronen seien wir und dem Tanz der Hormone mehr oder weniger willenlos ausgeliefert, heißt es auch.

Hirnforscher können anhand bildgebender Verfahren bereits erkennen, wie eine Entscheidung ausfallen wird, bevor sie im Denkhirn ankommt und schließlich verkündet wird. Sie beobachten dabei vor allem die Aktivierung von Hirnarealen im limbischen System. Das limbische System ist unser wahres inneres Machtzentrum und hat wesentlich größeren Einfluss auf unser Verhalten als unser Groß- oder Denkhirn.

Zum limbischen System gehören eine Reihe unterschiedlicher Strukturen in verschiedenen Hirnregionen. Sie sind Orte des Entstehens von positiven und negativen Gefühlen, der Gedächtnisorganisation, der Aufmerksamkeits- und Bewusstseinssteuerung und der Kontrolle vegetativer Funktionen. Eingeführt wurde der Begriff von Paul MacLean im Jahr 1952.

Seitdem ist das Hirn ganz schön in Mode gekommen. Faszinierendes ließe sich dazu erzählen, und das habe ich in früheren Büchern ja auch schon getan. In diesem Buch sollen uns lediglich *die* Aspekte interessieren, die mit dem Entstehen von Loyalität in Verbindung gebracht werden können. Deshalb wollen wir im Folgenden ein wenig näher betrachten:

- die Amygdalae,
- das Belohnungszentrum,
- den Botenstoff Oxytocin.

Soviel schon vorweg: Loyalität gefällt unserem Gehirn. Es hat nämlich das Bestreben, Unsicherheit in Sicherheit und Fremdartiges in Vertrautes zu verwandeln. Kompliziertes und Komplexes muss leicht decodierbar sein. Was wiedererkannt und als ungefährlich eingestuft wird, erhält den Vorzug. Deshalb kaufen wir Bekanntes und immer wieder Gleiches gern.

Routinen entlasten und machen unserem Oberstübchen die Arbeit leicht. Es favorisiert anstrengungslose Informationsverarbeitung. Denn es verbraucht zirka zwanzig Prozent der vom Körper produzierten Energie für sich allein. Deswegen fällt es immer dann, wenn es nicht hochaktiv sein muss, in den Energiesparmodus. Die meisten Dinge, die wir tagtäglich tun, werden vollautomatisch getan. Wir müssen nicht darüber nachdenken, wie wir atmen oder eine Treppe besteigen, das macht unser «Autopilot».

Weniger als ein Prozent all dessen, was draußen passiert, rückt ins cerebrale Scheinwerferlicht. Weit über 99 Prozent aller Reize, die ständig auf uns einprasseln, werden verarbeitet, ohne dass wir uns dessen auch nur ansatzweise bewusst sind. Die Prozesse, die dafür im

Hirn benötigt werden, sind gebahnt – so wie ein Weg, der routine-mäßig begangen wird.

Nun sind die Menschen alle verschieden, denn jedes Hirn ist auf eine andere Art und Weise «verdrahtet». Die *Variety Seeker* sehen in jedem «Neu» eine Verheißung. Andere sehen darin nicht Chance, sondern Gefahr. Auch geschlechterspezifische Aspekte sind zu be-achten. Das «weibliche» Östrogen verstärkt zum Beispiel die Sozial-module Fürsorge und Bindung. Ferner verändert sich im Laufe des Lebens die Struktur des Gehirns. So nehmen im Alter die Aus-schüttungen des Dominanz-Hormons Testosteron sowie die des aktivierenden Neurotransmitters Dopamin ab, wohingegen die Aus-schüttung des Stresshormons Cortisol steigt. All dies begünstigt Lo-yalität.

Ganz allgemein gilt: Wenn ein Angebot ein besseres Gefühl ver-spricht, wenn die Erfahrung eine positive ist oder das Ereignis den Kick des Besonderen verheißt, sind wir zum Umschalten bereit. Das geht im Gehirn mit einem komplexen Umbau der «Verdrahtungen» einher. Und das kann etwas dauern. So ist es kein Wunder, dass wir bei manchen Entscheidungen eine Nacht drüber schlafen wollen. Am nächsten Morgen ist dann alles klar.

Danach, Sie ahnen es schon, muss für schnelle Wiederholungen gesorgt werden, damit aus Neuem Routinen entstehen. Im Sport und in der Schule nennt man das Üben. Durch ständiges Üben ent-steht Perfektion. Und durch regelmäßige Kontakte und ständige Wiederkäufe entsteht Loyalität. Bei Wiederholungen verstärken sich die Nervenverbindungen, und Handlungen rutschen in den «Auto-piloten». Sie werden fortan vollautomatisch durchgeführt. Wer also Loyalität will, muss gut getaktete Begegnungen und kleine Zwi-schendurch-Käufe in seine Kundenbetreuung einbeziehen. Wobei zwischen zu viel und zu wenig eine echte Gratwanderung liegt.

Die Amygdala – unser Gefahrenradar

Die Amygdala (Mandelkern), eine paarweise vorhandene Struktur des Limbischen Systems, ist unser neuronales «Gefahrenradar». Sie ist maßgeblich für die emotionale Einfärbung von Informationen zuständig. Sie erhält Impulse aus sämtlichen Sinnessystemen, verarbeitet diese und leitet in Bruchteilen von Sekunden, ohne dass unser Denkhirn daran beteiligt ist, die jeweils notwendigen Reaktionen ein. Bei allem, was dem Strom des Üblichen nicht entspricht, sind wir plötzlich hellwach. Unsere Sinne gehen auf «hab Acht»: Ist das, was uns aus unserer Routine gerissen hat, gut – oder will es uns schaden? Ist es Freund oder Feind? Im Urwald hängt unser Überleben von einem blitzschnellen Alarmsystem ab. «Man sollte den Tiger hören», sagen die Inder, «denn wenn man ihn sieht, ist es zu spät.» Und es ist sicher besser, einen Tiger zu viel als einen zu wenig zu hören.

Was unser Hirn letztlich treibt, ist das Vermeiden von Schmerz und die Suche noch Belohnung. Unter positiven Umständen lernt und verinnerlicht unser Hirn besser – und wir erinnern auch mehr. Hingegen wird die Aufnahme von Neuem durch Stress, Angst oder Unsicherheit behindert. Unter Druck zu verkaufen ist also genauso falsch wie über Angst und Schrecken zu führen. Darüber hinaus: Fehlt Anschlussfähigkeit, so kann das Neue nicht aufgenommen werden. Neues muss also auf Altem aufbauen. Das ist ein Hinweis, der im Loyalitätsmarketing sehr förderlich ist.

Schmerzinformationen haben im Hirn immer Vorfahrt. Sie können jedes noch so freudige Ereignis, das gleichzeitig stattfindet, aus dem Bewusstsein verdrängen. Das betrifft übrigens physische ebenso wie psychische Schmerzen. Geht es uns schlecht, wirkt die Welt grau in grau. Die Wissenschaft kennt das als «negative Prädisposition». Selbst auf Positives fällt dann ein dunkler Schatten. Schon allein die negative Formulierung einer Sache trübt, wie Untersuchungen ergeben haben, unsere Stimmung ein. Pflegen Sie also Gewinnersprache, drücken Sie sich positiv aus!

Gute Gefühle machen unser Hirn entscheidungsfreudig. Dabei wird das euphorisierende Dopamin vermehrt ausgeschüttet – die Selbstkontrolle sinkt und das Ja-sagen fällt leicht. Dies umso eher, je mehr das Hirn auf positive Erfahrungen zurückgreifen kann. Sobald nämlich eine Entscheidung ansteht, starten riesige Zellverbände in rasender Geschwindigkeit die Suche nach gespeicherten Vorerfahrungen. Aus dem Abgleich mit der emotional markierten, also immer subjektiven Erinnerung resultiert dann ein Entweder-oder.

Intuition ist letztlich nichts anderes als die Summe all unserer gemachten Erfahrungen, die uns «automatisch», ohne also unser Denkhirn zu involvieren, bereitgestellt wird. Wenn es einfach ist, sagen die Hirnforscher, dann hilft Nachdenken. Bei komplexen Entscheidungen hingegen sei nach ausreichendem «Füttern» die Intuition der bessere Ratgeber. Intuitive Entscheidungen erhöhen im Übrigen auch unser Glücksempfinden. Prägende Ereignisse, die einen starken emotionalen Ausschlag hervorgerufen haben, wie etwa Todesangst oder Momente der Glückseligkeit, erhalten dabei immer Vorrang.

Loyalität erwächst demnach aus früheren angenehmen Erlebnissen und verstärkt sich durch diese. Emotionen lassen sich also nicht nur als positiv oder negativ beschreiben, sondern auch nach ihrem Aktivierungsgrad kategorisieren. Die wohl mit Abstand negativste Emotion ist die Wut. Und den höchsten positiven Ausschlag auf der Gefühlsskala verursacht die Überraschung. Was das für die Loyalisierung bedeutet, ist klar: den Kunden niemals wütend machen, denn dann wird er nicht nur protestierend die Flucht ergreifen, sondern sich auch ausgiebig rächen. Demgegenüber können überraschende positive Ereignisse, wie etwa eine spontane, also nicht im Voraus angekündigte Belohnung kleine Loyalisierungswunder vollbringen.

Unser Hirn liebt das Happy End

Unser Hirn belohnt uns für erfolgreiches Verhalten mit der Ausschüttung von Glückshormonen. So suchen wir zielstrebig nach Merkmalen, die uns das Gefühl geben, die bestmögliche (Wieder-) Kaufentscheidung gefällt zu haben. Ohne Aktivierung des cerebralen Belohnungssystems läuft in Sachen Loyalität so gut wie nichts. So wurde bei Untersuchungen an den Universitäten Standfort und Münster festgestellt, dass eine Marke bei sehr loyalen Kunden das Belohnungszentrum aktiviert, bei wenig loyalen Kunden bleibt diese Aktivierung hingegen aus.

Belohnungen haben auf unser Hirn eine enorm hohe Anziehungskraft. Dies führt zu einem veritablen Pull-Effekt. Wir wollen das, was uns Gutes verheißt, unbedingt haben – und zwar am liebsten sofort. Bei der Auswahl und im Kaufprozess siegt demnach das Produkt, dessen neuronales Feuerwerk uns das größte emotionale Wohlgefühl verspricht. Zwischen emotionaler Markierung und dem schließlichen Verhalten ist also das Belohnungssystem geschaltet. «Ohne Belohnung kein Verhalten», sagt der Neuropsychologe Christian Scheier, und weiter: «Ob der Hebel umgelegt wird oder nicht, entscheidet der Belohnungswert einer Marke.»

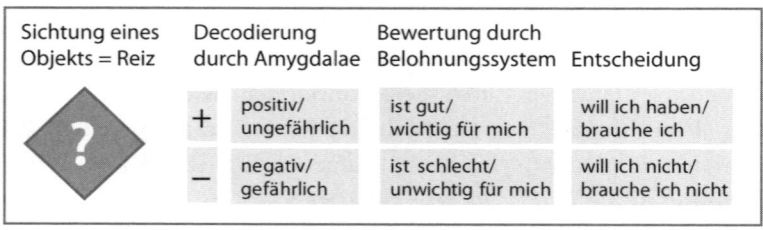

Abb. 2: Der Weg einer Kaufentscheidung im Hirn.

Dass unser Belohnungssystem anspringt und uns mit guten Gefühlen versorgt, ist mit Abstand der stärkste Reiz, den unser Gehirn sucht. In den 50er-Jahren hatten die Wissenschaftler James Olds und Peter Mildner Tieren zu Versuchszwecken Elektroden ins Gehirn gepflanzt. Ohne es zu wissen, führten sie die Elektroden auch in den Bereich, den wir heute Belohnungszentrum nennen. Dies löste ein solches Wohlbefinden aus, dass die Versuchstiere nicht aufhören konnten, sich selbst elektrisch zu reizen. Sie vergaßen Hunger und Durst und sogar ihren Fortpflanzungstrieb. Offensichtlich überbot die Stimulation des Belohnungssystems alle anderen wohltuenden Reize.

Es hat mit unseren genetischen Dispositionen wie auch mit frühkindlichen Erfahrungen zu tun, wie schnell und worauf unser Belohnungssystem abfährt. Die kleinen Freuden des Alltags, besinnliche

Stunden zu zweit oder eine Tafel Schokolade reichen vielen schon aus. Manche helfen mit Alkohol oder Drogen ein wenig nach. Andere finden ihren Kick im Casino – oder in virtuellen Spiele-Welten. Nicht wenige trachten nach Sicherheit für ihre Familie in den eigenen vier Wänden. Einige gieren nach Abenteuern und Extremsport oder der Jagd nach Rekorden. Der Traum vieler Manager heißt: *Coverboy*. Einmal auf dem Titel eines großen Wirtschaftsmagazins, jaaa, das wär's! Belohnungsreize funktionieren also bei Menschen verschieden. Ist erst mal herausgefunden, was angenehme Gefühle bewirkt, wollen wir dies stets wiederholen. Allerdings tritt bisweilen auch eine Gewöhnung ein. Dann muss der Reiz verstärkt werden. Das nennt man dann Sucht.

Im Loyalitätsmarketing ist also danach zu streben, durch die Wiederholung positiver Reize eine Art Suchtzustand zu bewirken. Im wahren Leben kennen wir diesen Zustand übrigens auch: Frisch verliebt haben wir nur Augen für die/den Angebetete/n. Selbst heiße Schönheit lässt uns dann kalt. Wir nehmen sie zwar wahr, aber sie ist nicht begehrenswert. Dieser Hirnmechanismus funktioniert im Business natürlich genauso. Durch und durch loyalisiert, sind wir immunisiert gegen den Wettbewerber. Seine Anmach-Versuche laufen ins Leere. Wir bemerken ihn nicht einmal.

«Zweifelsohne liegt der Schlüssel zum Verständnis des Kunden – der zentralen Cashflow-Quelle des Unternehmens – in seinem zentralen Kaufentscheidungsorgan: dem Gehirn.» Das sagt der Neuroökonom Peter Kenning von der Zeppelin University Friedrichshafen. Viele Unternehmen, allen voran die Werbeindustrie, machen von solchen Erkenntnissen des Neuromarketing bereits kräftig Gebrauch.

So hat BMW einen australischen Hirnforscher eingespannt, um Werbespots für das Mini-Cabriolet zu verbessern. Die zuständige Werbeagentur hatte TV-Filme entwickelt, die die übliche Länge von 30 Sekunden aufwiesen. BMW verlangte mehr Effizienz – und so kam Richard Silberstein an Bord. Der Professor für Neurophysiologie aus Melbourne ging mit seiner Methode der «Steady State Topography (SST)» an das Problem heran. Dabei wurde den Versuchsteilnehmern eine Elektroden-Kappe aufgesetzt. Den Werbefilm sahen sie über eine Spezialbrille. Während der Spot lief, wurden über die Kappe die entstehenden Hirnstrom-Reaktionen aufgezeichnet. So konnte man eindeutig erkennen, welche Filmsequenz welche Wirkung hervorrief. Wichtig hierbei waren vor allem auch die Reaktionen, die sich im Bereich des Langzeit-Gedächtnisses abspielten. Denn wenn dieses besonders aktiv ist, wird man sich besser erinnern. Das Ergebnis: Um die Botschaft des Spots («Immer offen») optimal rüberzubringen, genügten elf Sekunden. In diesen elf Sekunden fährt das Auto ins Bild. Das Autoverdeck beginnt sich zu schließen. Dagegen protestiert eine Stimme aus dem Off so erfolgreich, das sich das Verdeck wieder öffnet. Anschließend wird die Botschaft eingeblendet. Für BMW bewirkte die Arbeit des Hirnforschers, dass man mehr Spots schalten konnte. Und das Ganze mit großem Erfolg.

Oxytocin: Botenstoff für Loyalität?

Das aktivierende Dopamin ist gut fürs «sich verlieben» und «Ja-sagen», das ist bekannt. Nun bräuchten wir noch etwas, das für das Auslösen einer lang anhaltenden Verbundenheit sorgt. Verbundenheit entsteht durch Zuneigung (im wahrsten Sinne des Wortes) und durch gemeinsames Handeln mit positivem Ausgang. Damit geht auch ein Gefühl einher, das wir Vertrauen nennen. Begleitet werden diese Prozesse durch einen körpereigenen Botenstoff namens Oxytocin.

Das auch gerne Kuschelhormon genannte Oxytocin erhöht unser Glücks- und Genusspotenzial. Es ist neurochemischer Balsam für unsere Seele. Es wirkt entspannend und gesundheitsfördernd. Es wird immer dann verstärkt hergestellt, wenn es zu einer Begegnung kommt, die feste Bindungen einleiten soll. Es fokussiert auf positive soziale Informationen und erhöht die Bereitschaft, Vertrauen zu schenken. Es kann sogar beschädigtes Vertrauen wieder heilen. Es verstärkt das Wir-Gefühl und macht uns großzügig. Es hemmt den Aggressionstrieb und lässt Stress nur so dahinschmelzen. Es fördert die Offenheit, zwischenmenschliche Kontakte zuzulassen und macht uns friedliebend. Und es macht uns emphatisch. So hilft der Botenstoff, den Blick für die Gemütslage anderer zu schärfen, indem deren Gesichtsausdruck und Stimmlage interpretiert werden.

Früher galt Oxytocin als Schwangerschaftshormon, das die Wehen einleitet und für eine enge Mutter-Kind-Bindung sorgt. Heute wissen wir: Oxytocin kann sehr viel mehr. Es fungiert als Vermittler und verbindet Sozialkontakte mit einem guten Gefühl. Unter seinem Einfluss wird das Angstzentrum heruntergefahren. Vor allem aber sorgt es dafür, dass lohnendes Verhalten wiederholenswert erscheint. «Ohne Oxytocin könnten soziale Spezies nicht überleben», betont der Psychologe Markus Heinrichs, der an der Universität Zürich zu diesem Thema forschte und jetzt an der Universität Freiburg i. Br. lehrt. Im Rahmen einer Studie kam zutage, dass Paare unter der Gabe von Oxytocin weniger stritten und der für Stressreaktionen zuständige Cortisol-Spiegel niedriger war. Oxytocin kann als Nasenspray verabreicht werden, funktioniert, so Heinrichs, aber nicht, wenn es im Raum zerstäubt wird.

Ob Oxytocin auch die Treue beim Menschen fördert? Zumindest bei Präriewühlmäusen wurde diese These bestätigt. Sie haben, im Gegensatz zu ihren treulosen Vettern aus dem Gebirge, den Bergwühlmäusen, eine hohe Anzahl an Rezeptoren, an denen Oxytocin andocken kann. Wurde ihnen dieses injiziert, so entwickelten sie ein hohes Bindeverhalten.

«Bewusst oder unbewusst tendieren wir dazu, unser Verhalten so zu organisieren, dass es in uns zu einer Ausschüttung dieser Substanz kommen möge», so der Neurobiologe Joachim Bauer, und weiter: «Personen, die durch ihre Zuwendung, durch ihre Anerkennung oder Liebe unsere Oxytocin-Produktion stimuliert haben, werden zusammen mit der Erinnerung an die mit ihnen erlebten guten Gefühle in den Emotionszentren unseres Gehirns abgespeichert.» Deshalb freuen wir uns, wenn wir gute Freunde und angenehme Kunden sehen – und diese freuen sich auf uns. Deshalb gehen wir für favorisierte Anbieter und unsere Lieblingsmarken durchs Feuer. Und den ungeliebten laufen wir davon.

Wie interne und externe Loyalität korrelieren

Auch wenn die neue Arbeitswelt für viele das «nomadische Jobben» unumgänglich macht: Führungskräfte tun gut daran, Gemeinschaft und Zusammenhalt unternehmensweit zu fördern. Das nützt nicht nur dem Betriebsklima und dem guten Ruf. Auch die Kunden werden es ihnen vergelten. In einer kürzlichen Untersuchung der GfK gaben drei Viertel aller Befragten an, dass sie eher Produkte von Firmen kaufen, von denen sie wissen, dass dort die Mitarbeiter fair behandelt werden.

Kunden betrachten Unternehmen immer als Ganzheit. Jeder in der Leistungskette muss einen perfekten Job machen. Wenn es auch nur an einer Stelle klemmt oder ein einziger Mitarbeiter patzt, dann war aus Sicht des Kunden «der Saftladen» schuld. Er kommt nicht wieder und erzählt der ganzen Welt davon. Jede Unternehmens-, Marketing- und Vertriebsstrategie ist also nur so gut wie die schwächsten Mitarbeiter, die diese umsetzen.

Deshalb ist die Basis für Loyalität im Innen zu legen. Dies beginnt mit der Loyalität des Managements den Beschäftigten, Kunden und Partnern gegenüber. Von «oben» muss der Loyalitätsfunke überspringen. Denn alle orientieren sich an der Führungsspitze.

Was positive Mitarbeiterloyalität bewirkt

Loyale Mitarbeiter sind zweifellos die wertvollsten Mitarbeiter eines Unternehmens. Sie sind die besten Kundenloyalisierer. Sie sind sogar in dreifacher Hinsicht Erfolgsmacher: indem sie erstens ihre ganze Leistungskraft ins Unternehmen einbringen sowie zweitens als Motivator nach innen und drittens als Botschafter nach außen agieren.

Karrieristen, Job-Hopper und «Söldner», die ausschließlich ihren eigenen Interessen dienen, sind hingegen in loyalitätsfokussierten Unternehmen fehl am Platz. Denn Kunden- und Mitarbeiterloyalität stehen, wie eingangs schon angeklungen ist, in einem engen Zusammenhang. Sie verstärken sich gegenseitig – im Positiven wie im Negativen.

Mitarbeiterfluktuation wirkt sich vor allem in kundennahen Bereichen gravierend aus. Zu manch austauschbarem Dienstleister geht man ja nur wegen dieser einen freundlichen Person, die einen schon so lange kennt. Kunden sind also oft dem Mitarbeiter gegenüber treu und nicht dem Unternehmen. Und Verkäufer nehmen gerne ihre Kunden mit, wenn sie das Unternehmen wechseln. Neue Kunden wird man wohl schwerlich zu Stammkunden machen können, wenn diese immer nur auf Anfänger treffen. Langjährige, gut geschulte Mitarbeiter verstehen es viel besser, Kunden zu loyalisieren. Und treue Immer-wieder-Kunden bestätigen dem Mitarbeiter, im richtigen Unternehmen zu arbeiten. Das macht stolz! Und loyal!

Je stärker man sich seinem Arbeitgeber verbunden fühlt, desto eher ist man bereit, sich voll in seine Arbeit reinzuhängen. Loyale Mitarbeiter machen sich Gedanken um das Wohl und Wehe der Firma. Sie identifizieren sich mit ihr und machen die unternehmerischen Interessen zu ihren eigenen. Sie sprechen oft und gut, begeisternd und leidenschaftlich gerne über ihre Firma – drinnen und draußen.

All dies bekommt ein Unternehmen freilich nicht geschenkt. Mitarbeiterloyalität muss man sich, genauso wie Kundenloyalität, immer wieder neu verdienen. Sie kann nicht verordnet und befohlen werden, denn sie ist freiwilliger Natur. Sie entsteht aus Wollen und nicht aus Müssen. Die gute alte Mitarbeiterbindung ist Schnee von gestern. Schon allein das Wort hat so etwas Erzwungenes, das die neue Generation gar nicht mehr mag. Selbst «goldene Handschellen» in Form von Boni, Optionen oder Gratifikationen können am Ende keine Loyalität bewirken.

> **Mitarbeiterloyalität bedeutet:**
> - freiwillige, anhaltende Treue
> - hohes Engagement und Freude an der Arbeit
> - Ambitionen und unternehmerisches Handeln
> - Identifikation und emotionale Verbundenheit
> - aktive positive Mundpropaganda

Hierbei sind natürlich nicht die Mitarbeiter gemeint, die – seit zwanzig, dreißig Jahren ein Unternehmen bevölkernd – nur noch auf die Rente warten und sich lustlos jedem Wandel verschließen. Es geht auch nicht um den blinden Gehorsam und das selbstlose Pflichtgefühl früherer Zeiten. Als in unserem Sinne loyal können wir nur diejenigen bezeichnen, die alle Aspekte der Definition erfüllen. Wenn Sie solche Mitarbeiter haben: Analysieren Sie diese genau – denn davon wollen Sie mehr! Und Ihre Konkurrenz wünscht sich diese am meisten.

Eine Reihe von Indikatoren ermöglichen Rückschlüsse auf die Loyalität eines Mitarbeiters. Mit wie viel Stolz wird zum Beispiel das Firmenlogo als Zeichen der Zugehörigkeit getragen? Würden Ihre Leute mit dem Mitarbeiterausweis um den Hals öffentliche Verkehrsmittel besteigen? Oder lassen sie dies lieber sein, aus Scham und Angst vor unangenehmen Fragen und hämischen Bemerkungen? Verteidigen sie ihren Arbeitgeber bei verbalen Attacken oder stimmen sie vielmehr ein Klagelied an?

Was negative Mitarbeiterloyalität, also Illoyalität bewirkt

Die Bereitschaft zur Loyalität ist in den Menschen unterschiedlich angelegt. Doch eines ist sicher: Unengagierte, illoyale Mitarbeiter sind die größten Umsatzvernichter eines Unternehmens. Sie hemmen dessen Innovationsfähigkeit, das organische Wachstum und die betrieblichen Zukunftschancen. Denn (chronisch) unzufriedene

Mitarbeiter sind nicht nur öfter krank, sondern vor allem auch destruktiv. Die daraus resultierenden Produktivitätseinbußen schätzt man auf mindestens 20 Prozent. Und weil solche Mitarbeiter durch ihr ständiges Gejammer einen Negativ-Strudel in ihrem Umfeld erzeugen, sinkt die Produktivität der Kollegen, die dies erdulden müssen, um geschätzte zehn Prozent. Im Gegenzug ergab eine Befragung der Forschungs- und Beratungsgesellschaft «Great Place to Work», dass zufriedene und motivierte Mitarbeiter den Unternehmenserfolg um durchschnittlich dreißig Prozent steigern können.

Bedrohlich wird es dann, wenn Mitarbeiter draußen schlecht über die Firma reden und damit Vertrauen, Image und Erträge ruinieren. Die vehementesten Kritiker sitzen bei vielen Unternehmen nämlich in den eigenen Reihen. Fühlen sich Mitarbeiter schlecht behandelt, so werden das auch die Kunden erfahren. Illoyale Mitarbeiter verbünden sich gerne mit aufgebrachten Kunden gegen das eigene Unternehmen. Bei einer Reklamation heißt es dann etwa so: «Das ist doch noch gar nichts! Wenn Sie wüssten, was bei uns sonst noch so alles...» Und dann werden munter Interna ausgeplaudert, selbst dann, wenn dies offiziell verboten ist.

Loyalitätskonflikte sind oft die Ursache dafür. Wenn nämlich «von oben» etwas angeordnet wurde, was «die da unten» nicht mittragen können, weil es der Kundenbeziehung offenkundig schadet, dann befinden sich Mitarbeiter in einem Dilemma. Was tun? Den Chefs sagen, dass es sich um kompletten Blödsinn handelt? Sich weigern, die Maßnahme durchzuziehen? Das kann beruflicher Selbstmord sein. Maul halten und durch? So bekommen Unternehmen nichts als Marionetten, denen schließlich alles egal ist. Eine Diskussion anregen, wenn Entscheidungen längst gefallen sind? Ist meistens zwecklos. Was bleibt? Der Kunde, der immer ein offenes Ohr für geschundene Mitarbeiter hat. Und bei dem heult man sich dann eben aus.

Loyalitätskonflikte zu vertuschen ist sinnlos. Als Kunde spürt man «dicke Luft» sowieso. Echte Herzlichkeit und eine wahrhaftig kundenfokussierte Einstellung können nicht per Dienstanweisung verordnet werden, das muss von innen kommen. Basis hierfür ist eine «lachende» Unternehmenskultur, die ich – ebenso wie Führungsthemen und die Möglichkeiten zum Erreichen einer hohen Mitarbeiterloyalität – in meinem Buch «Kundenähe in der Chefetage» ausführlich beschrieben habe.

Weshalb Partnerloyalität so wichtig ist

«So direkt wie möglich», lautet eine der Regeln im Loyalitätsmarketing. Zwischenstationen vergrößern die Distanz zum Endkunden. BtoB-Anbieter müssen nun endlich damit beginnen, sich auch mit den Kunden ihrer Kunden zu beschäftigen, um Loyalität aufzubauen. Dennoch sind viele Unternehmen auf Absatzmittler, Händlernetze, Subunternehmer, Agenturen, Spezialisten, Sponsoren, Investoren oder sonstige Partner angewiesen, um ihre Angebote bestmöglich in den Markt zu tragen.

Partnerschaften sind im Loyalitätsmarketing immer dann erstrebenswert, wenn sie geeignet sind, die Kunden loyaler zu machen. Grundvoraussetzung bei jeder Art von Partnerschaft? Sinnvolle Leistungsergänzung (Synergien) sowie ein positiver Image-Transfer.

Im Mittelpunkt stehen dabei die Interessen der Kunden. Alle Partner sollten ferner in die Loyalitätsstrategie mit einbezogen werden. So ist zu prüfen, ob der jeweilige Partner zu Ihnen passt und ob er Ihre Loyalitätskultur teilt. In einem Leitbild wurde dies wie folgt formuliert: «Wir schätzen dauerhafte Geschäftsbeziehungen. Deshalb schätzen wir Partner, die dauerhafte Geschäftsbeziehungen schätzen.»

So wie Sie Loyalität von Ihren Partnern erwarten, so werden diese natürlich Loyalität von Ihnen erwarten. Doch leider auch hier: Zugunsten schneller Pfründe, um Boni zu ergattern oder die eigene Haut zu retten, wird Loyalität mit Füßen getreten. Vertragshändler werden ausgepresst wie saure Zitronen. Heerscharen von Zulieferern haben bitter erfahren müssen, dass Loyalität sich nicht lohnt. Sie sind die berühmte Extrameile gegangen, haben Zugeständnisse gemacht und vertragliche Leistungen überboten, immer mit dem Ziel, im Rennen zu bleiben und Folgeaufträge zu sichern.

Gewürdigt wurde dies nicht. Bei der nächsten Preisrunde wurde man einfach abserviert. Plötzlich zählten nicht mehr Zuverlässigkeit und Qualität, sondern nur noch Rabatte. Oder es nahte ein neuer Ansprechpartner mit seinem neurotischen Löwe-Spiel. Absprachen, Zusagen, Verträge: Alles worauf man sich verlassen konnte, galt auf einmal nicht mehr. Wem soll ein solcher Scherbenhaufen nützen? Armselig ist der, der nur groß sein kann, indem er andere niedermacht und buckeln lässt.

Das Sündenregister mieser Händler- und Lieferantenbehandlung ist vor allem dort lang, wo Abhängigkeiten bestehen. Da werden Dienstleister nicht wie Partner, sondern wie Laufburschen behandelt. Wer allerdings schlecht mit seinen Partnern umgeht, darf sich nicht wundern, wenn diese nur noch ihren eigenen Vorteil suchen. Denn Loyalität ist keine Einbahnstraße. Ein Mangel an Fairness führt nicht nur zum Vertrauensbruch, sondern auch zu Motivations- und Loyalitätsverlusten. Ist doch klar: Wer wenig gibt, wird auch wenig bekommen.

All dies kann schließlich zu Qualitätseinbrüchen führen, die für die Kunden nicht länger hinnehmbar sind. Lieferantenknebeln und Spar-Ekstase zahlen sich auf Dauer nicht aus. «Wenn ich alle Preise noch mal um 5 Prozent drücke», erklärte mir stolz ein Einkäufer, «bedeutet das für mein Unternehmen 45 Prozent Gewinn.»

Die Rechnung hat er wahrscheinlich ohne die Kunden gemacht. Stehen nämlich nicht Kundenwünsche, sondern die Interessen des Zentraleinkaufs im Vordergrund, dann sind am Ende zwar alle Kostenvorteile ausgereizt, aber die Kunden sind weg. Der historische Genickschlag für Opel kam, so war in einer Reportage nachzulesen, in den Jahren, als Ignacio Lopez dort Chefeinkäufer war. «Innerhalb kürzester Zeit hatte Lopez das positive Markenimage weggespart.» (Stern 21/2009).

Kundenbindung versus Kundenloyalität

Loyalität – wir hörten es schon – ist freiwillige Treue. Kundenbindung hingegen lässt uns an Fesseln denken. Der Unterschied zwischen Bindung und Loyalität erzeugender Verbundenheit wird sichtbar, wenn wir dies aus der Perspektive des Kunden betrachten. Sagt er: «In bin an das Unternehmen gebunden», so hat dies eine verhaltensbezogene Komponente und einen erzwungenen Touch, sagt er hingegen: «Ich fühle mich dem Unternehmen verbunden», so hat dies eine emotionale Komponente und drückt Freiwilligkeit aus.

In der Fachliteratur wird in diesem Zusammenhang zwischen «Behavioral Loyalty» und «Emotional Loyalty» unterschieden. Die verhaltensbezogene Loyalität endet schnell, sobald ein besseres Alternativangebot in Reichweite ist. Die emotionale Loyalität hingegen ist zeitlich unlimitiert. Sie arbeitet mit Anziehungskraft – während Kundenbindung mit Druck agiert. Im Marketing sprechen wir dabei von Pull und Push. Wie das aggressive Push-Marketing, so ist auch das Kundenbinden veraltet. Pull ist angesagt. Der Kunde soll Ihr Angebot unbedingt und immer wieder haben *wollen*.

«80 Prozent der Händler kommen zu uns und fragen, ob sie unsere Produkte verkaufen dürfen», sagt Martin Pircher, Geschäftsführer der Ahrntal Natur GmbH aus Südtirol, ein Zusammenschluss für bäuerliche Produkte der Region. Diese Aussage ist eine ziemliche Sensation in einer Branche, die viel Geld in die Hand nimmt, um ihre Produkte in die Regale des Handels zu drücken.

Bei der freiwilligen Treue kann der Kunde jederzeit autonom entscheiden, ob er bleibt oder das Unternehmen wieder verlässt. Wenn er bleibt, tut er dies, um über den reinen Produktnutzen hinaus emotionale Vorteile und die damit verbundenen Gutfühl-Momente zu erlangen. Die meisten davon kennen wir inzwischen schon: Begeisterung über positive Erfahrungen, persönlicher oder geschäftlicher Erfolg, Vertrautheit, Gewohnheit, Bequemlichkeit, Sicherheit, Zugehörigkeitsverlangen, Identifikation mit einer Marke, Status durch das Image des Anbieters, materielle oder andere Gelüste, verpflichtende Normen oder ideelle Werte, die wir unterstützen wollen. Allenfalls können wir hier von einer psychologischen Bindung sprechen. Dabei müssen die faktischen Vorteile, verknüpft mit dem emotionalen Mehrwert, so groß sein, dass der Kunde lieber bleibt als geht.

Weinen sollte der Kunde, wenn es Ihre Angebote mal nicht (mehr) gibt. Okay, es kann passieren, dass er eine Spritztour zum Wettbewerb unternimmt. Idealerweise kehrt er aber danach enttäuscht oder frustriert, also reumütig wieder zurück. Und wenn es in Ihrem Markt üblich ist, bei mehreren Anbietern zu kaufen? Dann sollten Sie in jedem Fall seine Nummer eins sein, also der, den er mit Abstand am häufigsten frequentiert.

Wechselbarrieren halten nicht auf
Klassische Kundenbindungsmaßnahmen versuchen, Kundentreue zu erkaufen, Anbieterwechsel zu bestrafen oder Abwanderungshindernisse aufzubauen. Sie streben danach, den Kunden durch ein System an das Unternehmen zu binden, sei es etwa durch einen Vertrag, ein Abo oder eine Kundenkarte. In aller Regel wird dabei Freiwilligkeit reduziert, Vorteile werden an Bedingungen geknüpft, ein vorzeitiger Ausstieg wird sanktioniert oder ganz unterbunden. Hierbei lassen sich unterscheiden:

- *Ökonomische Bindungsgründe.* Womit gedroht wird: Verlust von Treuepunkten oder Mengenrabatten, Wegfall von Garantien oder Privilegien (z. B. Anbieter-Bewertungsstatus bei Ebay, Senator-Status bei Airlines), Monopolismus durch Alternativmangel (z. B. einziges Krankenhaus am Ort), Wegfall von Finanzierungsvorteilen, zusätzliche Umstellungs-, Beschaffungs-, Wege- oder Informationskosten.
- *Vertragliche Bindungsgründe.* Womit gedroht wird: Strafen bei vorzeitiger Vertragsauflösung, Gebühren oder Stornokosten im Fall von Kündigung, Wegfall von After Sales Service, Verlust von Support in Form von Beratung, Schulung oder Kundendienst usw.

- *Technologische Bindungsgründe.* Womit gedroht wird: mangelnde Passung unterschiedlicher Systeme (Kaffeemaschinen/Kapseln, Drucker/Patronen), Wegfall der Belieferung mit Ersatz- bzw. Verschleißmaterial usw.

Wechselbarrieren wollen Kundenmigration unterbinden. Sie folgen damit dem «alten» Marketing: Verteidigungsmechanismen, Marktanteilsschlachten und Wir-sind-im Krieg-Geschrei. Unannehmlichkeiten und hohe materielle Kosten, die durch einen Anbieterwechsel entstehen, sollen den Kunden nötigen, auf einen Wechsel lieber ganz zu verzichten. Ein derartiges Vorgehen will gut überlegt sein, denn es widerspricht den Individualisierungstendenzen der Menschen von heute. Wir sind meist wenig begeistert, wenn unsere Entscheidungsmöglichkeiten eingeschränkt werden. Kunden, die zwangsgebunden, also in «Geiselhaft» sind, werden Unvermeidliches oder sogar die ganze Beziehung fallweise schönreden, um den Schein zu wahren. Ja, man macht es sich gemütlich in seinem kleinen Gefängnis – und träumt doch von Freiheit und Selbstbestimmung.

Denn wahre Loyalität findet im Geiste statt. Sie kann deshalb niemals erzwungen werden. Das Dumme an der Freiheit ist nun: Sie beinhaltet die Möglichkeit zur Untreue. Doch ohne Freiheit kann es auch keine Treue geben.

Wechselhürden sorgen also nur scheinbar für Treue und sind somit eine trügerische Illusion. Selbst «vergoldeter Stacheldraht» kann Kunden auf Dauer nicht binden. Gedanklich hat man sich schon längst verabschiedet – und sucht nur noch nach der passenden Ausstiegsgelegenheit. Oder man konstruiert sich eine. Oder man kommt gerade wegen der Wechselbarrieren nicht wieder zurück. Dank Internet gelingt es heutzutage den Konsumenten auf vielfältige Weise, solche Barrieren zu umgehen. Sie geben sich untereinander Tipps, wie man problemlos aus Verträgen aussteigen kann. Oder sie richten Online-Helpdesks und Tauschbörsen ein. Oder sie nutzen kurzsichtige Anbieterstrategien schamlos aus und hoppen bei erstbester Gelegenheit immer zu dem, der gerade am günstigsten ist.

Bei Mobilfunkanbietern hat sich so schon eine «Kunden-Kreis-wanderung» herausgebildet: Nach ein paar Anbieterwechseln zwecks Abschöpfung günstiger Tarife landet man wieder beim Ersten. Im ganzen System dieser Branche wird nicht Kundentreue belohnt, sondern man ködert die Wechselbereiten und jagt sich gegenseitig Kunden ab. Da kann ich nur sagen: Herr, schick Hirn herunter! Es wird dringend gebraucht.

Das partnerschaftliche Einbinden der Kunden ist in jedem Fall erfolgversprechender als der mühsame Aufbau von Wechselbarrieren. Ziel eines guten Kundenmanagements muss es also sein, die freiwillige Loyalität zu erhöhen. Wechselbarrieren richten sich gegen den Kunden, sie sind aggressiv und damit letztlich kontraproduktiv. Gerade der durchschlagende Erfolg der partizipativen und dialogisch geprägten Web-2.0-Welt zeigt: Kooperation funktioniert besser als Konfrontation. Die mathematischen Formeln der Spieltheorie haben dies ebenfalls wieder und wieder bestätigt.

Aspekt	Kundenbindung	Kundenloyalität
Wirkrichtung	geht vom Anbieter aus	geht vom Kunden aus
Motivations-hebel	arbeitet mit Druck und Zwang	arbeitet mit Anziehungskraft
Freiwilligkeit	Kunde muss bleiben	Kunde will bleiben
Wechsel-möglichkeit	eingeschränkt bzw. erkauft	jederzeit, un-eingeschränkt
Treuezeit	von begrenzter Dauer	zeitlich unlimitiert
Hilfsmittel	Verträge, Systeme, Barrieren	keine
Kosten für Unternehmen	hoch	niedrig

Was nun, wenn Sie aufgrund des Gesagten feststellen, dass bei Ihren von Kundenbindung gesprochen wird, obwohl es Ihnen tatsächlich um Kundenloyalität geht? Am besten gleich umbenennen! Und erklären Sie auch, warum Sie dies tun! Das wird nicht nur die Einstellung, sondern auch das Verhalten Ihrer Mitarbeiter verbessern. Und auf Kundenseite wird es nachhaltig Positives bewirken. Denn Loyalität ist stärker als Bindung.

Kundenkarten machen keine Kundenloyalität

Spione im Geldbeutel, so werden die Kundenkarten gerne genannt. Wenn überhaupt, dann sind sie nur in ganz wenigen Branchen eine echte Option: in Massenmärkten mit anonymen Kundenbeziehungen. Natürlich gibt es erfolgreiche Ausnahmen, die gut funktionieren. Als eine solche kann wohl die Miles&More-Karte der Lufthansa gelten. Bei ihr wird zwischen Status- und Prämienmeilen unterschieden. Statusmeilen gibt es nur für gekaufte Flugtickets, woraus sich der Vielfliegerstatus errechnet. Prämienmeilen können bei einer ganzen Reihe von Kooperationspartnern gesammelt *(Earning)* und in Flug- oder Sachprämien eingetauscht werden *(Burning)*.

Sind nun die Tarife der Airlines in etwa gleich oder zahlt ein Dritter den Flug, dann schlägt das Pendel schnell zugunsten der Lufthansa um. Und zwar nicht nur der Punkte wegen. Vielen ist der HON- oder Senator-Status noch viel wichtiger. Denn beide versprechen Vergünstigungen, die nicht nur angenehm, sondern auch sichtbar sind. Wer hat nicht schon einmal die «Senatoren» beobachtet, wie sie mit Genugtuung an Warteschlangen vorbeilaufen oder sich genüsslich von Kollegen verabschieden, um in die eigene Lounge abzuziehen? So fällt die Wahl nicht selten auf den teureren Tarif statt auf die Billig-Airline. Status zählt mehr als Geldscheine. Emotionen haben mal wieder die Oberhand. Und da sage noch einer, dass es im Business nur um Ratio gehe …

Das Problem: Weltweit gibt es allein mehr als 100 Airline-Karten. Und Tausende von anderen Bonuscards. Wem es nicht gelingt, seine Kunden zu einer mehr oder weniger ausschließlichen Nutzung zu bewegen, für den wird das Programm schnell zu einer finanziellen Belastung – und nicht zu einem Wettbewerbsvorteil. Die Ausgaben für den Unterhalt sind nämlich immens. Und so ist es dann auch: Treueprogramme haben sich bis auf wenige Fälle als Millionengräber erwiesen. Die zentralen Ziele hingegen, nämlich die Verbesserung der Kundenpenetration, die Erhöhung der Kundenbindung und die Senkung der Kundenfluktuation werden – wie viele Kundenmanager inzwischen kleinlaut eingestehen – nur selten erreicht.

Die in der Presse gerne proklamierte Anzahl der ausgegebenen Karten kann ja wohl kein Erfolgskriterium sein. Denn der Kampf um den Platz im Geldbeutel ist schon lange entbrannt. Es gibt ja nur wenige Schubfächer darin. Was nicht an vorderer Stelle landet, wird schnell vergessen – und nie mehr genutzt. Bei kostenlos ausgegebenen Karten müssen sich die Anbieter zudem mit einem Berg von Karteileichen herumschlagen, die selbst durch teure Mailings nicht zum Kaufen zu bewegen sind. Der Hauptgrund: Die Konstruktion vieler Treueprogramme (Punkteverfall, Einlöse-Mechanik, überteuerte Prämien, Partnerwahl) ist aus einer Innensicht heraus entstanden und bei näherem Hinsehen für die meisten Kunden unattraktiv. So habe ich von meiner Apotheke nach einem Jahr Karte raussuchen – vorzeigen – durchziehen – wieder einstecken einen Gutschein über sage und schreibe 3,77 Euro erhalten. Die Zeit hätte ich mir besser sparen können.

«Mit Loyalty Cards lässt sich keine Kundentreue gewinnen. Sie ermöglichen einem, seine Kunden besser zu kennen.» Das ließ Tesco, führender Einzelhändler in England, dessen Karte eigentlich ein Vorzeigebeispiel ist, verlauten. Zielgerichtete Auswertungen der Karten-Transaktionen können eine Fundgrube für verbessertes Kundenwissen sein. Allerdings werden die generierten Daten aus getätigten Käufen von vielen Firmen nicht einmal ausreichend genutzt. Und das Schlimmste: Es ist schwierig, ein solches Programm von jetzt auf gleich wieder zu beenden, weil man damit die aktiven Nutzer verärgert.

Fazit: Man kann Kunden nicht in eine Zwangsjacke stecken, um ihre Treue zuwege zu bringen. Und: Die durch und durch Loyalen wären auch ohne Karte geblieben. Karten sind teuer erkaufte Kundentreue. Und sie wiegen Unternehmen in trügerische Sicherheit. Demgegenüber sind Investitionen in Maßnahmen zur Kundenloyalisierung meist deutlich günstiger zu bekommen. Man müsste nur den Mut aufbringen, sich von «Fesselspielen» zu verabschieden und glauben: Wer wirklich gute Gründe hat, zu bleiben, bleibt freiwillig und gern, selbst wenn er jederzeit gehen kann. Anstatt Kunden einzusperren, sollte man besser ergründen, weshalb sie einem die Treue schwören – oder aber panisch die Flucht ergreifen.

Von der Bindung zur Loyalität

Sprechen wir zunächst über Kundenclubs. Sie sind die Vorläufer moderner Communities. Club-Konzepte zeichnen sich dadurch aus, dass Kunden aufgrund ihrer kostenlosen oder kostenpflichtigen Mitgliedschaft bestimmte Club-Vorteile nutzen können. Es gibt offene Clubs, in die jeder eintreten kann, und geschlossene Varianten, die eine mehr oder weniger exklusive Mitgliedschaft begründen. Je nach Zielsetzung des Unternehmens kommen unterschiedliche Versionen in Frage: VIP-Clubs, Fan-Clubs, Life-Style-Clubs oder Vorteilsclubs. Doch egal, welche man wählt: Kundenclubs sind so ziemlich die teuerste Variante beim Aufbau von Kundentreue.

Sie erfordern das Etablieren einer kompletten Organisation mit Club-Karte, Club-Magazin, Club-Benefits, Club-Events und eigenem Service Center. Zudem betrachten sich Club-Mitglieder oft als etwas Besonderes und stellen durch ihre hohe Erwartungshaltung die Mitarbeiter schon mal vor fast übermenschliche Herausforderungen. All das will gut überlegt und durch einen Businessplan finanziell abgesichert sein, denn Club-Konzepte folgen einer langfristigen Strategie. Nur unter erheblichem Imageverlust können sie bei «Nichtgefallen» von heute auf morgen wieder eingestellt werden.

Was noch? Im Übergang von der Kundenbindung zur Loyalität gibt es eine ganze Reihe weiterer Systeme, die Treue belohnen, wie zum Beispiel:

- *Gewinnspiele,* die sich etwa bei Radiosendern über Stunden, Tage oder Wochen hinziehen können. Sie finden zunehmend auch im Internet statt, um Interessenten immer wieder auf die Website zu locken.
- *Coupons bzw. Gutscheine,* die bei Abgabe Vorteile versprechen. Sie verführen vielfach zu Mehr- oder Wiederkäufen, halten aber manchmal wegen notwendiger Zuzahlungen für das Objekt der Begierde vom Kaufen ab.
- *10er- oder Jahreskarten,* die die einzelne Transaktion billiger machen.
- *Rabattheftchen,* bei denen man sich seine Treue abstempeln lässt.
- *Sammelpunkte,* die mit oder ohne Aufpreis gegen mehr oder weniger attraktive Dinge eingetauscht werden können. Weil das Wahlverhalten der Kunden nicht vorherbestimmbar ist, kann es zu logistischen Problemen kommen. Im Internet gibt es sie als Reward Points.
- *Codes bzw. 2D-Barcodes,* die man mit entsprechend ausgestatteten Handys abfotografiert oder zum Beispiel aus Flaschen-Schraubverschlüssen übernimmt. Zum Einlösen wird man auf die Firmen-Webseite gelenkt. Probleme entstehen, wenn dort nicht alles schnell und reibungslos funktioniert.
- *Mehrwert-Programme,* bei denen die Kernleistung mit ergänzenden Zusatzleistungen (weiterer Kooperationspartner) zu einem Gesamtpaket gebündelt wird. So werden bei Banken und Sparkassen die Girokonten durch passende Mehrwerte für ausgewählte Zielgruppen aufgepeppt.
- *Apps,* die durch ihre Nützlichkeit loyalisieren.

Im Vergleich zu den Kundenkarten sind diese Systeme kostengünstig, punktuell und flexibel einsetzbar. Sofern sie zum Anbieter bzw. seinen Marken passen, bieten sie sich vor allem in hoch konkurrenziellen Märkten mit austauschbaren Produkten an. Der Nachteil besteht darin, dass in vielen Fällen keine Daten über die Anwender gesammelt werden. Und: Bei einer inflationären Fülle von gleichartigen Angeboten geht man vielfach unter oder verfehlt sein Ziel. Ein Knackpunkt auch hier: Oft werden mit solchen Programmen nur Neukunden geködert. Stammkunden schauen – wieder mal – in die Röhre. «Die kommen ja sowieso», heißt es nur lapidar. Ein gefährlicher Irrtum, der von vielen Kunden abgestraft wird, ohne dass der Anbieter das jemals mitbekommt. Machen Sie es doch einmal genau andersherum: Gerade, weil er Stammkunde ist, erhält er ... Ein konkaver Belohnungsverlauf ist in jedem Fall die bessere Variante. Das heißt, der Bonus steigt zusammen mit der Loyalität. Treue wird belohnt.

Manche Programme sind schlichtweg Betrug am Verbraucher. So führte Ferrero im Frühsommer 2009 eine Sammelaktion durch, bei der man Punkte auf den Süßwaren-Packungen in Adidas-Sportsachen umtauschen konnte. In der Fernsehsendung «hart aber fair» (ARD) wurde errechnet, dass man täglich achteinhalb Milchschnitten hätte essen müssen, um bis zum Ende des Aktionszeitraumes an eine Kapuzenjacke zu kommen – in die man dann wohl nicht mal mehr reingepasst hätte.

Egal, für welches System man sich schließlich entscheidet: Knowhow ist gefragt und Tests sind vonnöten, um bei den anvisierten Zielgruppen eine optimale Wirkung zu erreichen. In einem Fall ging es um das «Zahle x, und du bekommst y gratis»-Modell. Dieses wurde bei einer Autowaschanlage getestet. Eine Gruppe erhielt ein übliches 10er-Heftchen zum Abstempeln. Die andere Gruppe erhielt ein 12er-Heftchen, bei dem zwei Felder bereits abgestempelt waren. In beiden Fällen brauchte es also zehn Besuche bis zur ersten Gratiswäsche. Jedoch war die zweite Variante um 20 Prozent erfolgreicher. Warum? Einen kleinen Bonus in Form zweier Stempel gab es dort gleich zu Beginn, die ersten Schritte auf dem Weg zum weiten Ziel waren damit schon getan. Im ersten Fall hingegen stand einem die ganze Strecke noch bevor. Was wieder mal zeigt: Kleine Belohnungen sind gute Antreiber. Und: Unser Hirn geht den scheinbar angenehmeren Weg.

Loyalitätskiller: Was Kunden vertreibt

Hohe Fluktuationsraten sind für ein Unternehmen tödlich. Wer mehr Kunden verliert, als er gewinnt, wer am Schluss mehr untreue als treue Kunden hat, bei dem ist selbst die beste Verkäufertruppe machtlos. Wo die Unzufriedenen und Enttäuschten, die Negativ-Empfehler und Image-Zerstörer die Meinungsführung übernehmen, da ist das Ende nicht weit.

Was macht nun Kunden zu flüchtenden Kunden? Die Gründe sind vielfältig, branchenspezifisch und bisweilen undurchschaubar. Einige haben, wie wir schon sahen, mit dem Kunden selbst zu tun: Anspruchswandel, veränderte Lebensbedingungen, neue Ansprechpartner. Manchmal sind externe Faktoren daran schuld: Neuheiten am Markt, höhere Qualität, bessere Preise oder Sonderaktionen der Mitbewerber. Und gelegentlich sind Marken ganz plötzlich einfach «out». Konsumgüter sind schnelllebig und werden laufend ersetzt. Die Kamera, die gestern noch «in» war, ist morgen schon im wahrsten Sinne des Wortes von gestern. Besitztum ist heutzutage vorübergehend. Konsumenten leihen, leasen und tauschen.

«Kunden sind untreu, weil sie das Beste wollen», meint der eingangs bereits zitierte Eugen Maria Schulak. Wenn wir das Beste wollen, sind wir notwendigerweise untreu, zumindest so lange, bis wir das Beste gefunden haben. Die Herausforderung für die Wirtschaftstreibenden besteht darin, die Treue dem Kunden gegenüber zu halten, indem sie ihm einerseits das Beste bieten und ihn andererseits in seinem Verlangen nach Abwechslung nicht enttäuschen. Das hat Schulak anlässlich eines Vortrags gesagt.

Und das heißt? Der Mangel an Kundenloyalität und die damit einhergehenden Kundenverluste sind in erster Linie hausgemacht. Viele Gründe sind so banal, dass es ein Leichtes wäre, sie aus der Welt zu schaffen: fehlende Wertschätzung, Unzufriedenheit, Enttäuschungen, mangelnde Aufmerksamkeit für die Belange des Kunden. Andere sind tödlich, wie zum Beispiel Lieferengpässe. Sie treiben die Kunden geradewegs in die Arme des Wettbewerbs. Den größten

Schaden bewirken wohl all die Fehlleistungen, die aus einer Binnensicht heraus passieren, weil also nicht vom Kunden her gedacht und gehandelt wird. So werden interne Fiktionen schnell zu einer trügerischen Realität. Ein typischer Dialog von gerade eben, während ich schreibe: Ein Telefonverkäufer: «Unsere Datenbank sagt, dass Sie …» – Ich: «Das ist nicht korrekt.» – Er: «Unsere Datenbank sagt aber, dass Sie …» Ja, ist denn wichtiger und richtiger, was in der Datenbank steht, als das, was der Kunde sagt?

Es gibt also tausend Gründe. Die größten Loyalitätszerstörer heißen:

- Austauschbarkeit
- Preis-Aktionismus
- emotionale Kälte
- ständig wechselnde Ansprechpartner

Schauen wir uns das mal genauer an.

Wenn ein Ei dem anderen gleicht

Wer als Anbieter austauschbar ist, wird ausgetauscht. Warum wohl sollte es sich für einen Kunden lohnen, gerade Ihren Angeboten treu verbunden zu sein? Und warum sollte er obendrein Ihr Fürsprecher werden? Wo es doch fast überall x andere gibt, die fast das Gleiche bieten!

Die Frage ist: Wären Ihre Kunden enttäuscht, wenn Sie morgen vom Markt verschwänden? Bevor nun die Selbstzufriedenheit Sie übermannt, lassen Sie mal besser jemanden Ihre Kunden befragen. Und das klingt so: «Was würden Sie tun, wenn es die folgende Marke/die Angebote der Firma XX morgen nicht mehr gäbe?» Und je nach Antwort lassen Sie dann noch fragen, wie leicht oder schwer das dem Kunden fällt!

Gerade in produzierenden Wirtschaftszweigen dominiert immer noch allzu oft das produktfixierte industrielle Erbe, bei dem in Losgrößen bzw. Stückkosten gedacht und gefertigt wird. Erst wird fleißig produziert, und dann sollen Marketing und Vertrieb gefälligst sehen, wie sie das unter die Leute kriegen. In völlig übersättigte Märkte hinein werden auch heute noch undifferenziert Verkaufsflächen gebaut (Overstoring), die immer gleichen Hotels geplant, namenlose Gebrauchsgüter geflutet. In Supermärkten türmen sich *Line Extensions,* also Produktvarianten, die kein Mensch mehr braucht. So wird wie blind und taub an Markt und Kunden vorbeientwickelt. Flopp-Raten bis zu 90 Prozent sind die Folge.

Das Produkt als Held: Das war in den 80er- und 90er-Jahren. Wenn schon Held, dann ist es heute der Kunde. Anstatt also zu versuchen, immer mehr Kunden für fix-und-fertige Produkte zu gewinnen, kommt es in Zukunft darauf an, mit den Kunden gemeinsam solche Produkte und Services zu (er)finden, die diese unbedingt haben wollen. Das heißt: weg von der Produktfixierung und weg vom Nur-Hersteller-Sein hin zum kundennahen Lösungsoptimierer.

Dies sei letztlich die effizienteste Wertschöpfungsform, so Franz Thomas Piller im Handbuch «Praxis Kunden-Beziehungsmanagement,» … da völlig ohne Verschwendung produziert werden kann. Gefertigt wird nur, was die Kunden auch wirklich wünschen, angesprochen werden nur Kunden, die ein entsprechendes Kaufpotenzial aufweisen, betreut werden nur Kunden, bei denen ein Wiederkauf zu erwarten ist.» Nicht das, was die Unternehmen können, sondern das, was die Kunden wollen, zählt.

So sollten endlich die Produktmanager den Kundenmanagern weichen. Kundenmanager richten ihren Fokus auf den Kunden, während Produktmanager ihre Produkte im Auge haben. Kundenmanager begleiten ihre Kundensegmente entlang der gesamten Wertschöpfungskette und betreuen die Kunden ungeteilt entlang ihrer Kommunikationswege. Sie verkaufen keine Produktvorteile, sondern schaffen solche Erlebnisse, denen die Kunden Treue schwören.

Bei genauerer Betrachtung gibt es gleich drei Wege aus der Austauschbarkeit – und damit auch aus der Preisfalle:

- individualisierte Serviceleistungen bzw. Problemlösungen
- Emotionalisierung und
- die Mitarbeiter-Kunde-Beziehung.

Dass es profitabler und auch sicherer ist, individualisierte Serviceleistungen um ein Produkt herum zu verkaufen, ist ein alter Hut. Viele Hersteller haben den Dreh aber immer noch nicht raus. Kunden interessieren sich weder für Bohrer noch für Bohrlöcher, sondern letztlich für ein schönes Heim. Das ist die Problemlösung, und aus der Sicht heraus ergibt sich eine Vielzahl von Ansatzpunkten. Ofenbauer müssten demnach Wärme statt Öfen verkaufen, Pumpenbauer nicht Pumpen für den Teich, sondern Schönheit für den Garten. Licht statt Leuchten, so heißt es bei der Erco GmbH aus Lüdenscheid. Nicht länger Lampen, sondern rechnergesteuerte Beleuchtungskonzepte werden dort heute verkauft. Dabei wurde die Produktpalette mehr und mehr entmaterialisiert. Die Gestaltung von Räumen und Gebäuden durch Licht steht nun im Vordergrund. Bei der Beleuchtung von Museen ist Erco weltweit unangefochten die Nummer eins. Das Brandenburger Tor zum Beispiel erstrahlt in Erco-Licht. «So wie der iPod erst Spaß macht, wenn er mit iTunes betrieben wird, so ist eine digitale Leuchte erst wirklich gut, wenn sie über ein ‹Light Studio› betrieben wird», sagt Erco-Geschäftsführer Tim Henrik Maack.

Womit wir bei den Emotionen wären. Was wir kaufen, sind ja nicht «Hardfacts», sondern die Erfüllung von Wünschen und Träumen, sozusagen ein kleines Stück vom großen Glück. Verkäufer müssen also Antworten finden auf die Frage: Was kaufen meine Kunden wirklich? So wurde die Markenkommunikation der Sparkassen komplett auf das Thema Vertrauen ausgerichtet.

«Vor der Finanzkrise standen die Produkte im Mittelpunkt. Jeder halbe Prozentpunkt Zinsen war wichtig in der Kommunikation. Heute erklären wir stattdessen, wo wir das Geld der Sparer investieren und wie die Anlagen abgesichert sind», so Hans Schmid, Pressesprecher des Sparkassenverbands Bayern bei einer BAW-Podiumsdiskussion im Frühjahr 2009.

Der direkte Weg ins Kundenhirn: Emotionen im Verkauf

Geldscheine sind Stimmzettel. So beginnt die Kunst des Loyalisierens mit dem emotionalen Verkaufen. Für gute Gefühle sind wir immer wieder bereit, Geld herzugeben. Marken brauchen einen UeSP, eine emotionalisierende Alleinstellung. So gilt es, das *emotionale* Erfolgsgeheimnis zu finden, das tief im Kern unserer Produkte schlummert. Zum Beispiel: Autos sind die modernen Reittiere des Mannes. Große Damenhandtaschen sind Ersatz für den männlichen Begleitschutz. Das Deo Axe verspricht einem nicht nur gut zu riechen, sondern auch Vorteile beim Paarungsspiel. Beim Zahnarzt «kauft» man ein strahlendes Lächeln und damit Hoffnung auf beruflichen und privaten Erfolg – also letztlich die Aussicht auf Liebe.

Durch Studien ist hinlänglich bewiesen, dass schöne Menschen mehr verdienen und eher Karriere machen. Babys wenden sich eher schönen Gesichtern zu. Bei einer Untersuchung von Gerichtsakten kam sogar heraus, dass gut aussehende Angeklagte zu leichteren Strafen verurteilt wurden. Andere Studien brachten zutage, dass schöne Menschen eher Hilfe erhalten, wenn sie in Not geraten. All das, weil schöne Menschen unser Hirn erfreuen. Das kennt doch jeder: An Schönheit können wir uns nicht satt genug sehen. So sind wir bereit, für Schönheit tief in die Tasche zu greifen.

Wohlgeformte Produkte und ästhetisches Design funktionieren nach dem gleichen Prinzip. Einer meiner Kollegen versendet seine Angebote in einer goldenen Schatulle – und kann so teurer an Firmen verkaufen. Auch wenn wir es nicht wahrhaben wollen: Blendwerk funktioniert. «Schöne Worte sind wie Edelsteine», sagt der Schmeichler und strahlt. Denn er weiß: Wir können uns der Magie eines Kompliments nicht einmal dann entziehen, wenn wir wissen, dass damit Hintergedanken verbunden sind.

Jeder Schönheitschirurg kann davon berichten, wie Menschen auf einen Urlaub verzichten, um im nächsten dann, ein wenig umgebaut, ganz groß zu glänzen. Hirnforscher erklären das so: Wenn wir in den Spiegel schauen und uns schöner finden als zuvor (intrinsische Motivation) und dafür auch noch Komplimente bekommen (extrinsische Motivation), dann haben wir ein gutes Gefühl. Das nimmt dann schließlich Suchtcharakter an. Was bedeutet: Ein neuer Termin wird ausgemacht. Loyalität beginnt.

Auch Süßes macht süchtig, deshalb sind Fertigprodukte so süß. Die Einnahme von Süßem verändert sogar das Preisempfinden beim Konsumenten. In einem Experiment konnten Wissenschaftler der Zeppelin University Friedrichshafen zeigen, dass nach der Einnahme von Zuckerwasser höhere Preise eher als fair akzeptiert werden. Ein Industrie-Verkäufer erzählte mir einmal, er praktiziere beim Neu-kunden-Gespräch den Schoko-Einstieg, und der geht so: «Wissen Sie eigentlich, wer mein liebster Kunde ist? Die Schokoladenfirma XX! Probieren Sie mal!»

Apropos intrinsische und extrinsische Motivation. Die intrin-sische mag manchen reichen, doch wenn beides da ist, funktioniert es einfach noch besser. Natürlich hat sich die beste aller Frauen das zarte Sommerkleidchen gekauft, um ihre kleine Eitelkeit ein wenig zu streicheln. Aber sie wollte noch mehr: das Lob des Gatten, die bewundernden Blicke aus dem Straßencafé, den Neid der Freun-dinnen, die sie weniger mag. Aber wehe, das alles bleibt aus. Dann gefällt einem plötzlich das Kleid nicht mehr. Und natürlich ist man nicht selbst daran schuld. Das war vielmehr diese doofe Verkäuferin, die einen so schlecht beraten hat. In so einen Laden geht man doch nie wieder hin. Und alle werden gewarnt, die einem wichtig sind.

Kundenversteher statt Produktverkäufer sind im Loyalitätsmar-keting dringend vonnöten. Wer hektische Zwölf-Stunden-Tage ab-strampelt, der kauft sich Ruhe und Raum. Durch Zeit und nicht durch Geld erkauft man sich Freiheit, Selbstbestimmung, Vergnüg-lichkeit. Gerade in der kaufstarken und loyalitätsaffinen 50plus-Ge-neration ist die Sinnfrage angesagt. Haltung und Stil statt «Bling-Bling» sind wieder gefragt. Manche stellen dabei zunehmend fest: All die guten Gefühle, die man mit Geld erkaufen kann, sind nichts gegen das gute Gefühl, das man spürt, wenn man anderen Menschen helfen konnte. «Was ich bei meiner Arbeit am meisten mag», sagt Schornsteinfeger Benjamin Walser (21 Jahre) aus Türkenfeld in Ba-yern, «das ist, dass sich die Menschen Glück von mir wünschen.»

Alles in allem: Wer in den Märkten von heute bestehen will, muss nicht nur der Austauschbarkeit, sondern vor allem der Kopierbarkeit entgehen. Er muss unersetzbar und so unwiderstehlich sein, dass die Kunden nicht daran denken, einen Anbieterwechsel auch nur in Erwägung zu ziehen. Blind und taub müssen sie selbst für die packendsten Lockvogel-Angebote anderer sein. So wie frisch Verliebte blind und taub sind für jede Versuchung.

Bei jeder Verbesserung und bei jeder Innovation lautet also Ihre kritische Frage: Was ist der differenzierende Kundenvorteil, den sonst (noch) niemand hat? Warum sollten die Kunden das lieben? Und was sollen sie anderen darüber erzählen? Innovieren heißt: neue Kategorien kreieren – und nicht, die Erfolgsrezepte anderer kopieren. Die aufgewärmten Ideen von gestern will niemand mehr haben.

Preisaktionismus ist ein Teufelskreis

Viele Verkäufer sind reine Preisverkäufer, in ihren Verkaufsgesprächen dreht sich alles um den Preis. Wer allerdings immer nur über seine Preise spricht, der braucht sich nicht zu wundern, wenn die Kunden nur noch nach den Preisen fragen. «Wer nichts weiß, macht es über den Billig-Preis», sagt ein Marketingkalauer. «Wer vom Preis lebt, stirbt mit dem Preis», sagen die Amerikaner.

Oft sind es die falschen Glaubenssätze, aufgrund derer wir die falschen Dinge tun. «Kunden sind Rosinenpicker, sie sind immer dort, wo die besten Konditionen sind», höre ich zum Beispiel die Banker sagen. Wer so was glaubt, der wird versuchen, alles über Billig-Angebote zu steuern. Und dann bekommt er am Ende genau die Kunden, vor denen er sich am meisten fürchtet: die Rosinenpicker.

Jedoch: Nicht jeder Kunde will billig kaufen! Der Billig-Preis spielt oft eine viel geringere Rolle, als uns Medien und Verkäufer glauben machen. «Billig-Billig» ist mit einem Verrohen der Sitten, mit einem Verfall von Dienstleistungsqualität (Service ist teuer!) und mit Vertrauensschwund («Hätte ich das nicht irgendwo, nächste Woche noch billiger bekommen können?») verbunden. Preisdumping ist nicht selten sogar lebensbedrohlich: für den Verbraucher – und für das Unternehmen. In vielen Branchen ist der Preis ja schließlich der Ertragstreiber Nummer eins.

Die meisten Firmen beherrschen aber weder Kosten noch Preise, sondern werden von den Preisen beherrscht, die der Markt oder die Konkurrenz vorgeben. So liefern sich ganze Wirtschaftszweige Preisschlachten mit verheerendem Ausgang. Preisdumping ist eine Todesspirale. Denn irgendjemand macht es immer billiger. Leichtfertig vergebene Rabatte sind oft nur ein Ausdruck von Ideenlosigkeit und mangelhafter Beschäftigung mit dem, was den Kunden wirklich bewegt – in rationaler und in emotionaler Hinsicht. Ein Verkäufer muss Wünsche wecken können, von denen der Kunde gestern noch nicht wusste, dass er sie heute haben wird. Ein Bäcker muss demnach seine Kunden nicht satt, sondern hungrig machen.

Und was sagt die aktuelle Hirnforschung zum Thema? Rabattsymbole und Sonderpreis-Aktionen wie auch die Aussicht, durch ein Schnäppchen Geld einzusparen, all das stimuliert unser cerebrales Belohnungssystem. Und mehr noch: Bei Erwartung einer Vergünstigung werden interne Kontrollmechanismen zurückgeschaltet. Dies zeigte ein Experiment mit Rabattschildern, das Mitarbeiter des Hirnforschers Christian E. Elger im Kernspintomografen durchführten. Dabei spielten die Forscher den Probanden Bilder bekannter Markenprodukte auf den in einer Spezialbrille eingelassenen Monitor. Neben den Produkten standen Preise, mal günstig, mal überhöht. Ab und zu leuchtete ein gelbrotes Rabattschild auf – allerdings nicht immer beim günstigsten Preis. «Würden Sie dieses Produkt kaufen?», fragte eine Stimme vom Band. Und die eingezwängt liegenden Probanden taten genau das, was Konsumenten auch in einer echten Kaufsituation tun: Sie griffen zum überteuerten Produkt – nur wegen des Rabattschilds.

Rabatte oder gute Gefühle?

Rabatte stellen für unser Hirn eine Belohnung dar. So erklärt es sich, weshalb man Kunden mit Schnäppchen fast willenlos machen kann. Der Verlust von Geld hingegen aktiviert ein Hirnareal, das auch für die Schmerzverarbeitung zuständig ist: die Insula. Auf einen Preis zu schauen tut weh. Und es gibt genau zwei Möglichkeiten, um dies so zu kompensieren, dass schließlich Kauflust entsteht:

> Rabatte & Co – das ist ein kostspieliger Teufelskreis.
> Gute Gefühle – das ist ein erfolgversprechender Engelskreis.

Emotionen machen aus Träumen Wünsche und aus Wünschen Geschäft. Die gute Nachricht: Dieser Weg führt nach oben, in die erfreuliche Gewinnzone. Wie neurowissenschaftliche Tests festgestellt haben, zeigen insbesondere die Hirnaktivitäten Kaufsüchtiger ein verstärktes Verlangen nach einem begehrenswerten Produkt – verbunden mit einem gleichzeitig geringeren Verlustempfinden für Geld. Das Habenwollen besiegt die Vernunft.

Und so fasst dies Bernd Weber vom Neuroeconomics Lab an der Universität Bonn zusammen:

- Es existiert ein «Kaufnetzwerk» im Gehirn.
- Hierbei werden Abwägungen zwischen dem Verlangen nach einem Produkt sowie dem Verlustempfinden für das Geld getroffen.
- Dieses System ist nicht statisch, sondern wird durch verschiedene Faktoren moduliert (z. B. Rabatte, zeitlich versetzte Bezahlung usw.).

Somit ist klar: Preisaktionen wirken. Aber: Sie machen nicht treu. Wer nichts weiter zu bieten hat als Tiefstpreise und Sonderposten, erzeugt höchstens eins: die Loyalität zum Schnäppchen. Schnäppchenjäger sind Kaufnomaden. Sie kommen nur der günstigen Preise wegen. Gibt es diese mal nicht, ziehen sie schleunigst weiter. So erklärt sich auch die geringe Kundenloyalität in Märkten, die sich im ständigen Preiskampf befinden.

Ein niedriges Preiseinstiegsniveau ist bei Neukunden höchstens deshalb nötig, weil noch kein Vertrauensverhältnis zum Anbieter besteht. Ein Nachlass ist in diesem Fall der Ausgleich für das Risiko eventueller Enttäuschungen, weil womöglich das Qualitätsniveau nicht stimmt oder der Service doch nicht hält, was der Verkäufer versprochen hat. Als Lockvögel können Gutscheine, Gratiszugaben und kleine Geschenke dienen. Sie werden als Verkaufsförderungshebel bezeichnet.

Wenn ein Unternehmen aber nichts Außergewöhnliches zu bieten hat, wenn seine Produkte austauschbar sind und der Service alles andere als begeistert, entscheidet immer der Preis. Dann soll es wenigstens billig sein. So trösten wir uns (Trostpreis!) mit Billigpreisen oder Rabatten über emotionale Mängel bzw. Enttäuschungen hinweg. Was hingegen einzigartig ist, was uns verblüfft und fasziniert, darf ruhig ein wenig kosten. Je stärker die subjektiv empfundene Lust im Verlauf eines Kaufs, desto mehr «Geld-Schmerz» sind wir bereit, dafür zu zahlen. Ergo: Gute Gefühle dürfen kosten.

Für durch und durch gute Gefühle sind Menschen sogar bereit, tief in die Tasche zu greifen, also viel Preisschmerz hinzunehmen und ein Preis-Premium zu zahlen. Denken Sie nur mal an teure Uhren, schnelle Autos, Ihre Spendierfreude im Urlaub oder den Hauch von Nichts im Wäschegeschäft.

Oder denken Sie an die Prachtbauten der Banken und die Ausstattung der Chefbüros im obersten Stock. Was zeigt: Gute Gefühle spielen nicht nur im Consumer-Geschäft eine große Rolle. Gerade die scheinbar so kühlen Management-Etagen sind Spielwiesen für selbstzentrierte Alphatierchen-Träume. Dort herrscht Emotion pur: Privilegien, Statussymbole und territoriale Eroberungen sprechen eine deutliche Sprache. Gerade für die Persönlichkeitsstruktur von Führungseliten sind Prestige, Macht und Kontrolle sehr belohnende Motive. Jede noch so «knallharte» Entscheidung ist unterschwellig emotional geleitet – auch wenn die Manager dies vehement abstreiten würden.

Die derzeitige Entscheider-Generation ist nun leider nahezu vollständig auf die technokratische Bewältigung von Aufgaben getrimmt. Das intuitive Gespür, das sich in Analyse-Tools nun einmal nicht darstellen lässt, ist dabei so ziemlich verloren gegangen. Und jetzt, da alle Welt inzwischen weiß, welch wichtige Rolle Emotionen spielen, fangen sie an, von «Emotional Engineering» zu reden. Wie bitte? Ich fasse es nicht! Die Welt der Emotionen regeln, steuern und automatisieren zu wollen, das ist nun wirklich der falsche Ansatz! Emotionen lassen sich nicht wie Maschinen zerlegen. Allenfalls ist es möglich, mit Hilfe von Empathie, trainierter Intuition, Wissen aus der Hirnforschung und gesundem Menschenverstand Hypothesen zu bilden. Darin müssten die neuen Manager endlich mal ausgebildet werden. «Der intuitive Geist ist ein heiliges Geschenk und der rationale Geist ein treuer Diener», hat schon Albert Einstein gesagt.

Menschen kaufen von Menschen – und nicht von Unternehmen

Loyalität entsteht viel leichter zwischen zwei Menschen als zwischen mehr oder weniger anonymen Unternehmen. Eine Bäckereiverkäuferin erzählte mir einmal, dass es Stammkunden gibt, die am Laden vorbeigehen, wenn ihre Lieblingsverkäuferin nicht hinter der Theke steht. Vertrautheit erzeugt Sympathie – und damit Kaufbereitschaft. Und immer mehr im Marketing Tätige fangen an, das zu verstehen. Es gibt inzwischen Handwerksbetriebe, bei denen der Kunde entscheidet, welcher Mitarbeiter kommen soll, um die anstehenden Arbeiten auszuführen. So ein Service sorgt schnell für Folgeaufträge.

Gerade bei Dienstleistern spielt ja das vertraute Miteinander eine entscheidende Rolle. Je individueller die Leistung erbracht wird und je unmittelbarer der Kunde-Mitarbeiter-Kontakt ausfällt, desto stärker ist das Gefühl emotionaler Verbundenheit. Und dort, wo Produkte nicht mehr faszinieren können, dort müssen es die Menschen tun.

Auch im BtoB-Bereich und insbesondere in der so ausschreibungsintensiven Industrie ist Zwischenmenschliches beim Loyalisieren von großer Bedeutung. Nicht selten werden Maschinen und Anlagen mit den Lieferanten gemeinsam entwickelt. In vielen Fällen ist man auf diese Weise über längere Zeiträume stark aufeinander angewiesen. Das vertrauensvolle Miteinander-Können ist dabei besonders wichtig. Alle Interaktionen zielen neben der erfolgreichen Abwicklung des laufenden Auftrags immer auch darauf, Folgegeschäfte zu akquirieren und wertvolle Referenzen zu erhalten.

Studien der Boston University haben gezeigt, dass körperlich anwesende Personen tendenziell positiver beurteilt werden als virtuelle. Die größte Loyalisierungschance hat demnach das gut geführte persönliche Gespräch *(Face to Face)*. Wo hingegen persönliche Kontakte fehlen, sinkt automatisch die Verbundenheit. Das ist der erste Schritt zum Kundenverlust. Zu den größten Loyalitätskillern zählen deshalb: hohe Mitarbeiterfluktuation und ständig wechselnde Ansprechpartner. Wer Mitarbeiter mit guten Kontakten wegrationalisiert oder seinen Kunden – bedingt durch Übernahmen, Fusionen oder interne Umstrukturierungen – ständig neue Ansprechpartner vorsetzt, braucht sich über mangelnde Kundentreue nicht zu wundern. Vertrauen kann nicht aufgebaut werden, wenn bei jedem Vertriebsbesuch ein neuer Mensch auftaucht. Oder wenn am Telefon ständig eine neue Stimme ist. Wohlbekannte Personen sind unser Anker für Folgegeschäft.

Mitarbeiterentzug ist so ziemlich das Schlechteste, was man aus Umsatz- und Loyalitätssicht tun kann. Denn Vertrauen erwächst aus Vertrautheit, aufgebaut durch Nähe und zwischenmenschliche Gespräche. Kontakte ohne Augenkontakt führen zu Moralverfall. Wenn man Menschen von Angesicht zu Angesicht gegenübersteht, ist es viel schwieriger, sie zu belügen. Es wurde sogar bewiesen, dass in Gemeinschaftsküchen bereitgestellte Getränke viel eher bezahlt werden, wenn ein Bild mit wachsamen Augen an der Wand oder am Kühlschrank hängt. Anonymität setzt das Ehrlichkeitsprinzip außer Kraft. Im Handel haben beispielsweise die Diebstahlsdelikte drastisch zugenommen, seit es dort kaum mehr Mitarbeiter gibt. Ein anonymes Unternehmen kann man eben ohne viel Skrupel betrügen, bei einem vertrauten Ansprechpartner geht das kaum. Dies alles spricht für den persönlichen Dialog – und gegen Automation. Wenn das die Technokratenzunft nur endlich verstehen würde!

Loyalitätsmacher: Was dauerhafte Kundentreue bewirkt

Loyalität ist schon ein wenig geheimnisvoll. Sie entsteht bei jedem anders und immer wieder neu. So steigt sie in aller Regel bei

- Zeitmangel,
- Geldmangel,
- Bequemlichkeit und Trägheit,
- zunehmendem Alter,
- niedriger Markttransparenz,
- Angst vor Neuem,
- angenehmen Überraschungen,
- Vertrautheit mit dem Angebot,
- Einzigartigkeit des Angebots,
- Verknappung des Angebots,
- innerer Verpflichtung,
- regelmäßigen Kontakten,
- kontinuierlichem Dialog,
- eingehaltenen Versprechen,
- Antizipieren von Kundenwünschen,
- Gewähren von Privilegien,
- Erfüllen von Sonderwünschen,
- belohntem Treueverhalten,
- Exklusivität,
- guter Reklamationsbearbeitung,
- Involvieren des Kunden oder
- Win-win-Partnerschaften.

Und was sind die wichtigsten Treiber? Über alle Branchen hinweg, so meine Untersuchungen, sind es die folgenden vier:

- Vertrauen
- Begeisterung
- Spitzenleister
- Spitzenleistungen

Schauen wir mal, was es damit auf sich hat.

Vertrauen – Der Schmierstoff der Wirtschaft

Ein trauriger Befund: Vertrauen verdienen, wenn man die Menschen im Lande fragt, nur noch wenige. Ausgenommen von dieser Einschätzung sind das persönliche Umfeld, also die, die einem nahe stehen, sowie die Communities Gleichgesinnter im Web. Neben den Bankern stehen Manager, Werbeleute und Politiker ganz am Ende der Skala, so der GfK-Vertrauensindex 2009. Überall wittern Verbraucher Betrug. Das ist fatal, denn Unternehmen leben vom Vertrauen ihrer Mitarbeiter und Kunden. «Die Gesellschaft der Zukunft ist zum Vertrauen verurteilt», schreibt der Philosoph Peter Sloterdijk.

Menschen wollen und müssen vertrauen. Mit Urvertrauen kommen wir auf die Welt – und auch weiter im Leben sind wir geneigt, an das Gute zu glauben. Vertrauensvorschuss nennt man das. Ohne diesen gäbe es kein wirtschaftliches Gelingen. Ohne Vertrauen wäre nicht ein einziger Schritt möglich in dieser Welt. Ich muss darauf vertrauen, dass die Treppe hält, dass der Aufzug nicht abstürzt und dass die anderen Autofahrer der Straßenverkehrsordnung mächtig sind. Gerade in Zeiten lockerer Bindungen und hoher Komplexität nimmt die Bedeutung von Vertrauen als Basis tragfähiger Beziehungen zu. Wo die Zeit nicht reicht oder das Wissen fehlt, um eine Sache zu durchleuchten, ist Vertrauen der beste Kitt. Und dort, wo wir von Fremden auf dem globalen Marktplatz Internet kaufen, gibt es nur eine Chance: Vertrauen. Vertrauen ist Hoffnung auf das Happy End.

Vertrauenskulturen erzeugen eine Aufwärtsspirale, Misstrauenskulturen einen tödlichen Teufelskreis. Vertrauen steigert das Tempo, sein feiger Gegenspieler, die kleinliche Kontrolle, verlangsamt es. Weniger Administration bedeutet mehr Zeit für die Kunden. Aus diesem Grund sind Bürokratien wie auch Hierarchien (eine Kombination aus dem Altgriechischen: hiéré – «heilige» und «arché» – Herrschaft, die heilige Herrschaft) auf verlorenem Posten. Sie werden den Wettlauf um die Zukunft verlieren. Vertrauen hingegen macht Unternehmen kreativ, schnell und gut. Denn für Innovationen und konstruktive Verbesserungsprozesse braucht es den Austausch von Wissen. Mitarbeiter teilen ihr Wissen aber erst dann, wenn sie einander vertrauen. Nur in Vertrauenskulturen können also die ganz großen Würfe gelingen. Und nur, wer Vertrauen schenkt, kann Vertrauen am Ende erhalten. Unternehmen sind also Vertrauensgeber.

Wo Vertrauen fehlt, regieren Unsicherheit und Angst. Vorsicht macht sich weitläufig breit. Und ein Absicherungswettrüsten beginnt. In einer Misstrauenskultur sieht man den Feind um jede Ecke kommen, wittert überall böse Machenschaften und ist permanent auf der Hut. Ein Leben in Dauerstress zu führen und ständig auf der Lauer liegen zu müssen ist sicherlich schlimmer, als gelegentlich enttäuscht zu werden. Wer also Lebensqualität bei der Arbeit will, sollte den Sprung ins Vertrauen wagen.

Erfahrungsvertrauen entsteht durch kleine Schritte der Annäherung und durch ausbleibende Enttäuschungen. Dieser Prozess setzt sich aus vielen Mosaiksteinchen zusammen. Er braucht Fairness, Klarheit, Transparenz, absolute Ehrlichkeit, Zuverlässigkeit und eingehaltene Versprechen, also Vertrauen in die Person des jeweiligen Ansprechpartners und in die Kompetenz seines Angebots – und zwar in dieser Reihenfolge. Positive Erfahrungen bauen ein Vertrauenspolster auf. Deshalb soll Werbung zwar inspirieren, aber keine Märchen erzählen und vor allem die Menschen nicht täuschen. Der, der weniger weiß, muss sich auf den, der mehr weiß, unbesehen verlassen können. Vertrauen kann sogar Verstehen ersetzen. Negative Stimmungen und böses Gerede hingegen – egal ob mit oder ohne Grund – schwächen Vertrauen. Und durch eine einzige negative Erfahrung ist es bisweilen für immer zerstört. Vertrauen heißt, sich verletzbar zu machen. Denn wer vertraut, muss mit Vertrauensbruch leben. Ja, es wird Kunden geben, die Vertrauen missbrauchen. Blauäugigkeit und blindes Vertrauen wären deshalb naiv. Dem wachsamen Vertrauen eine Chance zu geben, das ist klug. Und Loyalität fördert Vertrauen, weil man sich ständig wiedersieht.

Manche Unternehmen ergreifen jedoch in vorauseilender Angst für jeden denkbaren Missbrauchsfall rigorose Schutzmaßnahmen, noch bevor es zu einem solchen kommt. Das bedeutet nicht selten, man «bestraft» 99 Gute, um sich vor einem einzigen schwarzen Schaf zu schützen. Spieltheoretische Analysen weisen jedoch nach, dass am erfolgreichsten mit anderen zusammenarbeitet, wer zunächst vertrauensvoll in eine solche Beziehung investiert – und sich danach immer so verhält wie das Gegenüber.

Vertrauen ist schließlich die Brücke zum Neuland. Wenn wir das sichere Ufer des Bekannten verlassen müssen, und uns in die Ungewissheit einer neuen Erfahrung begeben (also bei jedem Kauf), dann hilft uns Vertrauen. Es bringt uns dazu, unseren biologischen Abwehrreflex zu unterdrücken und Neugier siegen zu lassen. Soll ich oder soll ich nicht? Jetzt oder später? Bei diesem oder besser bei einem anderen Anbieter? So helfen uns wohlmeinende Dritte, weil deren ausgestreckte Hand den Zaudernden vertrauensvoll führt. Sie erzeugen Reputationsvertrauen und machen unserem Hirn die Arbeit leicht. «Wenn mein guter Freund mir die Marke X empfiehlt, kann ich sorglos zugreifen», denkt der geneigte Verbraucher und kauft. Empfehler sind das Bindeglied zwischen Gewohntem und Ungewissheit. Sie legen die Trittsteine und machen den Weg sicher. Genau deshalb ist empfohlenes Geschäft auch so einfach abzuschließen.

Begeisterung – das Loyalisierungselixier

Wie Begeisterung entsteht? Durch anders sein, überraschend sein und aufrichtige Herzlichkeit. Und durch Exzellenz. All das hat ihren Ursprung nicht nur in dem, was man für uns tut, sondern vor allem durch das wie. So richtig dingfest machen lässt sich der Unterschied zwischen was und wie meistens nicht, und trotzdem: Wenn wir einen Blumenstrauß, ein geputztes Auto oder eine gepflasterte Garageneinfahrt sehen, können wir nicht stets sagen, ob hier jemand «mit Liebe» zu Werke gegangen ist? Wie muss der Mitarbeiter nun motiviert sein, damit er seine Arbeit nicht nur verrichtet, sondern sie mit Herzlichkeit tut?

Herzlichkeit und all die kleinen Gesten des Entgegenkommens, die sich so gut anfühlen, sind eine Frage der Einstellung, also des «Wollen-Wollens». Die Einstellung färbt auf das Verhalten ab. Gerade, wenn bei Dienstleistungen der Kunde in den Produktionsprozess mit eingebunden wird, merkt er sehr schnell, mit welcher Einstellung die Mitarbeiter ihren Job erbringen. Man spürt beim Arzt, ob die Spritze liebevoll oder lieblos gesetzt wird. Man merkt, ob die Verkäuferin einem wirklich etwas Passendes verkaufen möchte oder ob sie nur lustlos ihre acht Stunden ableiert und sprechender Wegweiser («Dritter Gang, links unten!») spielt. Man erkennt sofort, ob der Kellner uns den Teller einfach nur «hinstellt» oder achtsam serviert. «Dienst nach Vorschrift» loyalisiert uns nicht. Der Mitarbeiter muss vielmehr aus ganzem Herzen wollen. Und so sagt es Howard Schultz, Gründer und Chairman von Starbucks: «Man kann Menschen beibringen, Kaffee zu machen, aber man kann ihnen nicht beibringen zu lächeln.»

Studien haben gezeigt, dass die Qualität während der Leistungserbringung höher bewertet wird als das Schlussergebnis. Dabei sind es oft die kleinen Dinge, die der Kunde so nicht erwartet und anderswo noch nie erlebt hat, die sich äußerst positiv auf sein Wiederkauf- und Empfehlungsverhalten auswirken. Doch gerade die «weichen» Faktoren, also der respektvolle und zuvorkommende Umgang mit den Kunden» können nicht angeordnet werden. Wäre dem so, erhielten wir Kunden höchstens eine künstliche «Muss-Freundlichkeit». Und die wird in aller Regel sofort enttarnt. Die meisten Menschen haben nämlich ein feines Sensorium für echt oder falsch. So findet das ehrliche Lächeln in den Augen statt. Sie können das vor dem Spiegel mal testen: Wir können nicht zur gleichen Zeit selig lächeln und an etwas Abscheuliches denken.

Und auch das ist inzwischen bewiesen: Begeisterung ist ansteckend. Vor allem im persönlichen Kontakt. Besondere Nervenzellen, Spiegelneuronen genannt, sind verantwortlich dafür. Sie lassen uns das, was andere fühlen, in einer Art innerer Simulation miterleben. So schlägt sich die Stimmung der Mitarbeiter unmittelbar auf die

Stimmung der Kunden nieder. Und das merkt man dann spätestens beim Kassensturz.

Sie wollen dem Geheimnis der Kundenbegeisterung weiter auf die Spur kommen? Dann beschäftigen Sie sich nicht nur mit den (geheimen) Wünschen und Träumen Ihrer Kunden, sondern auch mit deren Sorgen, Befürchtungen, Zweifeln und Nöten. Fragen Sie sich: Was sind die (verborgenen) Ängste der Kunden (in unserer Branche)? Was sind ihre *brennendsten* Probleme? Wo sind die «Points of Pain»? Und welche Antworten haben (nur) wir darauf? Die Analyse der brennendsten Kundenprobleme kann erstens zu einer komfortablen, höchst rentierlichen Marktnische werden. Dank individualisierter Lösungen wird Ihnen zweitens die hehre Begeisterung sowie drittens die totale Loyalität Ihrer Kunden sicher sein. Die Hirnforschung weiß, dass mit der einsetzenden Erleichterung über ein bezwungenes Hindernis und mit dem Verschwinden der Angst die Abschlussbereitschaft deutlich steigt. Schon allein deshalb sind Lösungs- und nicht Produktverkäufer so viel erfolgreicher.

Brennend kann im Übrigen auf zweifache Weise gedeutet werden: faktisch und emotional. Denn die Differenzierung zur Konkurrenz findet ja nicht nur auf der Leistungsebene, sondern auch auf der Beziehungsebene statt. Die «gefühlte» Wertschätzung, verbunden mit absoluter Fairness und erprobter Zuverlässigkeit, ist Dreh- und Angelpunkt für Begeisterung. Wenn es Ihnen dann noch gelingt, dem Kunden mit Spitzenprodukten oder einzigartigem Servicenutzen unerwartete Anstöße für seine Lebensqualität oder seinen unternehmerischen Erfolg zu geben, dann sind Loyalität und positive Mundpropaganda schon so gut wie gesichert.

Soviel für jetzt zum Thema Begeisterung. Im Toolbox-Kapitel werden wir ihr noch einmal ausführlich begegnen.

Nur Spitzenleister erbringen Spitzenleistungen

Spitzenleistungen haben, soviel ist inzwischen schon deutlich geworden, zwei Komponenten: das Können und das Wollen. Hierbei ist vor allem die Führungskraft gefordert. Ihre drängendste Frage lautet:

Wie mache ich meine Mitarbeiter zu Spitzenleistern? Denn eines ist sicher: Es ist reine Zeitverschwendung, Durchschnitt zu sein.

> **Wer möchte schon gerne**
>
> - durchschnittliche Angebote von einer
> - durchschnittlichen Firma mit einem
> - durchschnittlichen Service
> - zu einem durchschnittlichen Preis
> - in einem durchschnittlichen Laden kaufen
> - und somit letztlich selber Durchschnitt sein?
>
> Durchschnitt und Mittelmäßigkeit sterben wohl aus.

Spitzenleistungen kann man nicht einfordern, sondern nur ermöglichen. Deshalb haben Führungskräfte die Aufgabe, Motivationshindernisse wegzuräumen, Begeisterungshemmer zu eliminieren und für solche loyalisierenden Rahmenbedingungen zu sorgen, die es den Mitarbeitern erlauben, für die Kunden Spitzenleistungen erbringen zu können – und dies auch zu wollen. Der Vorgesetzte von heute ist vor allem ein «Enabler», also ein Möglichmacher. Er fördert die Selbstorganisation seiner Leute und schafft Freiräume für Kundenbelange. Er brennt seine Leute nicht aus und er hält sie auch nicht «klein», sondern er macht sie stark, damit sie dem Unternehmen ihre ganze Kraft geben können. Denn wie heißt es so schön: Verheizte Mitarbeiter geben keine Wärme. Eine seiner typischen Fragen lautet: «Welche Unterstützung brauchen Sie von mir?»

Mit Blick auf den Kunden haben die Mitarbeiter eine ganze Reihe tragender Funktionen. Sie sind:

- Könner (Fachkraft, Experte),
- Woller (mit der richtigen Einstellung),
- Menschenversteher,
- Emotionsmanager,
- Träume-Erfüller,

- Kundenbegeisterer und -loyalisierer,
- Botschafter ihres Unternehmens.

Damit Mitarbeiter all diese Funktionen auch ausüben können, brauchen sie Möglichkeitsräume, in denen sie sich selbstständig und verantwortungsvoll um das Beste für den Kunden kümmern können. Das ist doch wohl logisch? Eben nicht. In vielen Unternehmen sagen viel zu rigide Richtlinien, Vorschriften und Standards den Mitarbeitern, was sie zu tun und zu lassen haben. Phlegma, Initiativlosigkeit und Konformität sind die Folge. Schlimmer noch: Die Autorität solcher Normen ist höher als jeder gesunde Menschenverstand.

So erzählte mir ein junger Mann, der bei der Bahn als Schlafwagen-Steward gearbeitet hatte, Folgendes: «Manchmal kam es vor, dass in unseren Schlafwagen aufgrund einer technischen Störung alle Toiletten ausfielen. Und das stand dazu im Service-Handbuch: Im Falle, dass es zu Störungen im Betriebsablauf der Bordtoiletten kommt, ist den Fahrgästen ein kostenloses Getränk anzubieten.»

Von einem national agierenden Gebäudemanagement-Unternehmen staatlichen Ursprungs berichteten mir die Kundendienst-Techniker dies: «Manchmal kam es vor, dass uns ein Kunde, nachdem wir eine Reparatur durchgeführt hatten, bat, doch bitte noch eben schnell eine defekte Birne auszutauschen. Das war uns aber verboten. Vielmehr musste, zurück im Büro, zunächst ein Serviceauftrag erstellt und genehmigt werden. Erst dann durften wir wieder zum Kunden.»

Und warum der ganze Aufwand? Es war vorgekommen, dass ab und zu eine Birne ersetzt wurde, ohne diese in Rechnung zu stellen. Solch widerlichem Tun muss natürlich ein administrativer Riegel vorgeschoben werden! Dass so eine Birne im Einkauf nicht mehr als ein paar Cent kostet? Egal! Und dass man mit so was beim Kunden nur verständnisloses Kopfschütteln bewirkt? Was juckt das die Schreibtisch-Tiger im Elfenbeinturm?! Wissen Sie, was die Service-Techniker an der Sache am meisten ärgerte? Ihnen wurde die Möglichkeit genommen, sich bei den Kunden beliebt zu machen und ein herzliches «Danke» zu ernten, also emotionale Pluspunkte zu sammeln.

Das Sichern einer Basisqualität ist sicher richtig und in manchen Fällen sogar lebensnotwendig, doch: Man kann's auch mächtig übertreiben. Die Zwangsjacke starrer Service-Normen macht Mitarbeiter zu Roboter-Mitarbeitern, die sich selbst den blödesten Anweisungen willenlos beugen und jedem Kunden ihre öden Standards aufoktroyieren («Das ist bei uns Vorschrift!»). Wie Aufziehpuppen reden sie mit einem am Telefon oder an der Theke im Schnellrestaurant. So was ist für beide Seiten entwürdigend!

Deutschland im ISO-Rausch?! Wer etwas «idiotensicher» macht, züchtet geistige Krüppel. Die Verantwortung zum Kunden-glücklich-Machen darf nicht länger auf dicke Wälzer abgewälzt werden. Sie muss vielmehr direkt bei den kundennahen Mitarbeitern sein. Der erste Schritt? Entbürokratisieren Sie, damit sich die Mitarbeiter auf ihre Kernaufgaben konzentrieren können. «Kill a stupid rule», heißt das so schön auf Amerikanisch. Einer Untersuchung der Beratungsgesellschaft Proudfood zufolge verlieren Unternehmen 24 Prozent ihrer Produktivität durch Bürokratie und Regulierungswut. Folgendes sollte also ein fester Tagesordnungspunkt auf jeder Meeting-Agenda sein: «Von welchen dummen Regeln und von welchem administrativen Schwachsinn können wir uns diese Woche trennen?» Zwei Schlüsselfragen sind dabei zu stellen:

- *Was will das Unternehmen?* Daraus ergeben sich die Basisstandards und die «nicht verhandelbaren» Normen, die als Leitplanken (Guidelines) fungieren. Denn Mitarbeiter und Kunden brauchen absolute Klarheit darüber, was geht – und was keinesfalls toleriert werden kann. Dies markiert die Null-Linie der Kundenzufriedenheit.
- *Was will der Kunde?* Daraus ergeben sich Möglichkeitsräume fürs Kunden-Begeistern, die von den Mitarbeitern situativ ausgeschöpft werden können. Natürlich braucht es dazu Spielregeln und Grenzlinien, doch das Spielfeld sollte ein möglichst großes sein. Denn erst oberhalb der Null-Linie, dort wo sich Flexibili-

tät, Individualisierung und Improvisationstalent zeigen, setzt Begeisterung ein.

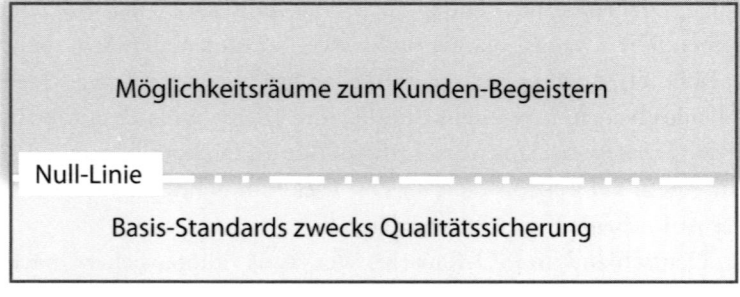

Abb. 3: Standard-Muss versus Mitarbeiter-Empowerment. Erst oberhalb der Null-Linie setzt Kundenbegeisterung ein.

Was man oberhalb der Null-Linie alles machen kann? Fragen Sie die Kunden! Und fragen Sie vor allem die kundennahen Mitarbeiter – sie sind am nächsten dran und haben die genialsten Ideen – wenn man sie nur mal öfter involvieren würde. Das wertvollste Wissen befindet sich oft an den Rändern einer Organisation. Allerdings geben Mitarbeiter ihre Gedanken nur dann preis, wenn sie glauben, dass diese auch Wertschätzung erfahren. Und wenn sie wissen, dass Fehler kein Beinbruch sind. Wer Neues ausprobiert, der muss auch scheitern dürfen.

Zum Arbeiten in Möglichkeitsräumen gehört also immer auch eine entsprechende Fehler-Lernkultur. «Hurra, ein Fehler», sollten Sie ab und an rufen, wenn ein solcher passiert. «Welche negativen Erfahrungen ich gemacht habe, die sich alle sparen können», so kann ein Besprechungspunkt in Meetings heißen. Die einzigen Fehler, die nicht toleriert werden dürfen: Absicht, Nachlässigkeit und Schlamperei. Ansonsten ist ein Fehler erst wirklich ein Fehler, wenn er zum zweiten Mal passiert. Fehler also ja, aber bitte nicht zweimal! Fehler sind der Preis für Evolution und Innovation.

Leider gibt es immer noch Führungskräfte, die glauben, dass es an der Peripherie kein intelligentes Leben gibt. Sie meinen immer noch, sie müssten alles selber wissen und alles selber können. Mitarbeiter, die tolle Ideen haben, stellen für sie eine ständige Bedrohung dar. Ihr Selbstbild verbietet es ihnen, die Zügel aus der Hand zu geben, frei nach dem Motto: «Nur was der Meister selbst getan, ist wohl geraten.» Sie können sich schlecht auf andere Sichtweisen einlassen und werden die Vorschläge anderer nur widerwillig als die bessere Lösung akzeptieren. Und in Wahrheit? In Wahrheit hat ihr Ego vor allem Sorge um Anerkennungs- und Machtverlust. Oder Angst vor dem Zeigen von Schwäche. So wird munter angewiesen anstatt involviert und delegiert. Denn Macher wollen machen.

Nur: Das «Machtwort» des Chefs lässt wertvolle Initiativen und dringend benötigte Kreativität einfach versanden. Um aber die Loyalität der Kunden zu sichern, wird jede Idee, die zu diesem Ziel beitragen kann, dringend gebraucht. Wer mitunternehmerisch handelnde Mitarbeiter will, muss diese an unternehmerisches Denken und Handeln heranführen. Dort, wo Mitarbeiter intensiv in die Strategiearbeit involviert und an den Erfolgen finanziell beteiligt werden, werden sie alles tun, damit ihr «Baby» wächst.

Der Wandel vom «Müssen» zum «Wollen» im Arbeitsleben ist also unumgänglich. Nur in kreativen Freiräumen können Spitzenleistungen entstehen. Denn Kreativität – die Schlüsselressource der Zukunft – braucht Weite. Und sie kann sich nur in heiteren Hirnen entfalten. So ergaben Studien der Erlanger Soziologin Andrea Abele, dass in guter Stimmung komplexe Fragestellungen besser bewältigt werden, die Denkleistung steigt und neue Sichtweisen entstehen.

Kommandieren und Kontrollieren erbringen keine Exzellenz. Unter Druck werden höchstens Allerweltslösungen erzeugt. Und Angst ist der größte Erfolgskiller. Angst kann zwar eine kurzfristige körperliche Leistungssteigerung hervorrufen, aber niemals eine geistige. Wo Lachen ist, verschwindet die Angst. Deshalb bieten «lachende» Unternehmen die besten Voraussetzungen zum Erzielen von Spitzenleistungen – und zum schließlichen Erreichen der Loyalitätsführerschaft.

Nicht eine – sondern drei Loyalitäten entwickeln

Eine ganze Reihe von Loyalitätsfacetten haben wir nun bereits kennengelernt. Deshalb mal eine Frage: Wem gehört eigentlich *Ihre* Loyalität?

- der Tankstelle …   oder dem Kraftstoff?
- dem Arzneimittel …   oder der Apotheke?
- dem Finanzberater …   oder der Versicherung?

Bei genauer Betrachtung ergeben sich demnach drei Loyalitäten:
- die zum Unternehmen oder seinen Standorten,
- die zu den Angeboten, Services bzw. Marken,
- die zu den Mitarbeitern und Ansprechpartnern.

So bin ich der Ansprechpartnerin meines Reisebüros seit Jahren treu verbunden, weil sie einen Spitzenjob macht. Wenn sie je wechselt, habe ich ihr gesagt, gehe ich mit. Das Unternehmen selbst, ein Filialist, hat nie etwas zu meiner Loyalisierung beigetragen. Klar, die üblichen Standardmailings habe ich bekommen, aber dass ich eine treue (und hochprofitable) Stammkundin bin, das hat man mir niemals gesagt. Wer der Vorsteher besagter Filiale ist, weiß ich bis heute nicht. So kam es, dass ich mit wehenden Fahnen überlief, als Frau Ruprecht ihre eigene Filiale bekam.

Alle drei Loyalitäten müssen also entwickelt werden. Bleibt eine auf der Strecke, dann wirkt sich dies auf das Treueverhalten nachteilig aus. So ist bei Apple die Produkt- und Markentreue bemerkenswert hoch. Doch letztlich – es sieht zumindest ganz danach aus – steht und fällt alles mit der Personenmarke Steve Jobs. Das ist zwar beeindruckend, aber auch gefährlich. Verlässt nämlich eine solche Person die Firma, so kann das ganze Unternehmen kollabieren. Klug war es also, die Apple-Stores zu erfinden. Sie wurden ein fulminanter Erfolg. Anstatt dort auf Teufel komm raus zu verkaufen, setzen die Mitarbeiter alles daran, eine «Brand Experience» zu gestalten, die

Markenpräferenz weiter zu festigen und Kundentreue zu bewirken. Leidenschaft ist wohl das treffendste Wort für alles, was Apple tut. Und Leidenschaft ist ja nicht nur ein kraftvoller Innovationsmotor, sondern auch ein gigantischer Loyalitätsmacher.

Unternehmen	Produkt, Marke, Standort	Ansprechpartner
Apple	Mac, iPod, iPhone, iPad	Steve Jobs
Audi	A5 Cabriolet	Herr Schmaus
Hypo Vereinsbank	NL München Altstadt	Herr Beer
SemiGator	Abendseminare	Herr Manthey
Siemens	MAGNETOM Verio 3T	Frau Dr. Bayer

In vielen Branchen ist die Loyalität zum Ansprechpartner am stärksten ausgeprägt, vor allem dort, wo es um eine vertrauensvolle Zusammenarbeit geht. Und starke Marken erzeugen eine mächtige Markenloyalität. So kann es beispielsweise passieren, dass ein Kunde seiner Automarke treu verbunden bleibt, jedoch den angestammten Händler verlässt, weil sein langjähriger Betreuer in ein anderes Autohaus wechselt. Und weiter kann es passieren, dass die Loyalität, die der Verkäufer mühevoll aufgebaut hat, in wenigen Augenblicken durch einen unzuverlässigen Kundendienst oder eine schlechte Werkstatt-Leistung vernichtet wird. Bereits das zweite Auto «verkauft» also in Wirklichkeit das Servicepersonal.

Was Markenloyalität bedeutet

Es gibt kaum ein größeres Unternehmen, in dem nicht die Erhöhung des Markenwerts (Brand Equity) in den Strategiepapieren ganz weit vorn steht. Das Ziel hingegen, die Markentreue zu steigern, sucht man dort fast immer vergebens. Dabei ist die Affinität zur Welt der Marken ein untrügliches Zeichen für Loyalitätspotenzial. Je nach Treuestatus unterscheidet die Markenartikel-Industrie wie folgt:

- *First Choice Buyer (FCB):* Das sind Käufer mit der jeweils höchsten Bedarfsdeckung bei der Marke, die ihre erstpräferierte ist. Dazu gehören auch die ungeteilt Markentreuen, die in einer Produktgruppe (wie etwa Bier oder Lippenpflege) immer ein und dieselbe Marke kaufen.
- *Second Choice Buyer:* die Gelegenheitsverwender einer Marke.
- *Competitive Choice Buyer:* die, die Konkurrenzmarken kaufen.

Die ungeteilt Markentreuen: Ja, die wollen wir unbedingt haben. Je größer die Bedeutung der Marke in ihrem Leben, desto mehr rückt der Preis in den Hintergrund – und das «Missionieren» beginnt. Aber auch die Gelegenheitskäufer sind interessant. Ist man erst einmal in den Kreis ihrer Lieblingsmarken eingedrungen, dann kann man sich dort breit machen und nach und nach versuchen, die Präferenz für sich zu gewinnen. Der Weg zur Treue führt also darüber, sie zunächst zur Untreue zu verführen. Die primären Aufgaben im Loyalitätsmarketing: möglichst viele Second Choice Buyer zu First Choice Buyers zu konvertieren, die Zahl der First Choice Buyer zu maximieren, also mehr Umsatz mit weniger Kunden zu generieren und jegliche Wechselfreude zu minimieren.

Hat nun der, der einer bestimmten Marke unverbrüchlich die Treue hält, grundsätzlich ein hohes Treuepotenzial? Das kommt auf die Marke an. Nehmen wir beispielhaft einen hochdotierten Business-Mann, der einen Studenten dafür bezahlt, über Nacht vor einem Laden zu campieren, nur um an ein iPhone zu kommen. Würde der dies auch bei einem x-beliebigen anderen Angebot tun? Wohl eher nicht. Warum dies so ist? Die meisten Produkte sind in der subjektiven Wahrnehmung des Käufers – und die allein zählt – zu wenig begehrenswert. Sie lösen keinen Kick im Hirn und damit auch keinen Kaufrausch aus. Beim iPhone war das anders, denn für viele war klar: Das Teil muss ich unbedingt haben – koste es, was es wolle. Marken, die so etwas fertigbringen, müssen uns emotional heftig berühren. Als deren Verwender suchen wir aktiv und immer wieder den Kontakt. Und: Wir werden sie jeder anderen Wahlmöglichkeit vorziehen. Jedoch wird selbst bei aller Treue die Vorliebe für eine Marke nicht ewig halten.

«Oft ist es für eine Marke sogar eine Riesengefahr, wenn man mit seinen Kunden ‹alt› wird. Je mehr Pensionisten Levi's tragen, desto weniger werden Teenager darauf abfahren. Aus VW-Sicht mag es logisch sein, vom Polo bis zum Phaeton alles zu bieten, um in jeder Lebensphase der richtige Partner zu sein. Nur: Das funktioniert nicht, weil man so an Profilschärfe verliert. Wenn ein VW-Passat-Fahrer aufsteigen will, dann denkt er eher an Marken wie Mercedes, BMW oder Audi. Kunden wollen in jedem Lebensabschnitt das Echte und Wahre. Sie wachsen in Marken hinein und auch aus ihnen wieder heraus. Deshalb sollten Marken vor allem sich selbst treu bleiben.» Das sagt der Branding-Experte Michael Brandtner.

Sich selber treu sein, das schließt auch Selbstähnlichkeit und Kontinuität ein. Abrupte Brüche in den Botschaften sowie Slogan-Hopping sind nicht selten der Tod einer Marke. Weil das den Kunden irritiert und damit Loyalität zerstört. Dafür ist die Zigarettenmarke Camel wohl das prominenteste Opfer. Irgendjemand muss den Leuten die falschen Tipps gegeben haben.

Wofür Markenloyalität steht

Marke kommt von markieren. So stehen Marken für Zugehörigkeit, für Identifikation und Profilierung («Die Marke passt zu mir»). Markennutzer positionieren sich mit den Marken, mit denen sie sich umgeben. Marken sind Ausdruck unseres Selbstkonzepts. Welche wir wählen, verrät viel über uns. Es zeigt, wer wir sind und wo wir dazugehören wollen. Es entscheidet darüber, was andere von uns denken sollen («Was sagen meine Freunde dazu?») und mit wem wir uns umgeben. Markenpräferenzen haben somit Selektionscharakter. Und: Wir schließen von der Kundschaft auf die Marke.

Marken brauchen einen ansprechenden «Look», ein durchgängiges Erscheinungsbild, einen «Schlachtruf» und ein unverwechselbares Symbol. Die Logos an unseren Klamotten von heute – das sind die Brandzeichen der Rinder, die Orden der Würdenträger, die Wappen der Städte und die Fahnen der Heere von früher. Mit den Tattoos der südpazifischen Maori und den Gesichtsmarkierungen schwarzafrikanischer Stämme haben sie eines gemeinsam: Sie kennzeichnen die Mitglieder einer Sippe, sie schweißen zusammen und grenzen die «Wildfremden» anderer Gruppen aus. Mit einem passenden Logo gehört man zum «richtigen», also zum angesagten Stamm und kann sich von den weniger Privilegierten abheben. Wie etwa mit einer Boss-Krawatte vom Fußvolk der schlipslosen Angestellten.

Marken sind emotionale Anker. Mit einer Marke kann man seinen Status zeigen, Einfluss gewinnen und Macht ausüben. Dafür ist der Nutzer, der solches mag, gerne bereit, einen Aufschlag zu zahlen. Marken stärken Vertrauen, weil sie uns vertraut sind. Und weil wir sie wiedererkennen, geben sie uns Sicherheit. Sie stehen für Orientierung im Angebotsdschungel und erleichtern Entscheidungen. Das nennen die Fachleute «kortikale Entlastung». Unser Hirn muss weniger Aufwand betreiben. Aus all diesen Gründen präferieren wir Marken. Sie erleichtern unserem Oberstübchen die Arbeit und aktivieren unser Belohnungssystem. Untersuchungen haben übrigens herausgefunden: Starke Marken aktivieren Hirnregionen, die für die Verarbeitung positiver Emotionen zuständig sind. Schwache sowie auch unbekannte Marken aktivieren hingegen solche Hirnareale, die uns negative Gefühle bereiten. Sie werden vom Kauf ausgeschlossen.

Marken finden also im Kopf der Konsumenten statt – und nicht in den Strategiepapieren der Marketingabteilung. «Markenführung ist kein Kampf der Produkte, es ist ein Kampf um die Wahrnehmung», sagt Michael Brandtner. Dabei gibt es drei Zielrichtungen: Imageaufbau, Neukundengewinnung und Stammkunden-Bestätigung. Was in diesem Zusammenhang auffällig ist: Es gibt kaum Werbung, die das Immer-wieder-Kaufen gezielt in den Vordergrund rückt. Dabei werden mit Stammkunden durchschnittlich 60 bis 70 Prozent des Umsatzes einer Marke gemacht.

Wer «seine» Marke regelmäßig kauft, wer sich voll und ganz mit ihr identifiziert und sich ihr hochgradig verbunden fühlt, der wird sie gegen jeden Angreifer verteidigen – und seinen Freunden wärmstens ans Herz legen. Doch bis es so weit ist, kann das dauern. Wenigen Marken gelingt es, uns im Sturm zu erobern. Im Allgemeinen nähern wir uns einer Marke eher vorsichtig: Wir umkreisen sie, inspizieren sie und fragen unsere Nächsten, was sie dazu sagen können. Diese Phase der Annäherung ist hochemotional, wir wollen schließlich keine Fehler machen. Nach dem Kauf flacht die Emotionskurve oft ab, wir gewöhnen uns schnell an die Marke. Nur wenn sie sich unentbehrlich macht, wenn sie uns ständig an sie erinnert, wenn sie von Freunden bewundert wird, uns immer wieder aufs Neue überrascht und fasziniert, wird sie für den Immer-wieder-Kauf in Erwägung gezogen. Wir bleiben einer Marke treu und empfehlen sie vehement weiter, solange sie uns gute Gefühle beschert. Sie darf uns niemals enttäuschen.

Wie Markenloyalität entwickelt wird

Marken, die Loyalität verdienen, sind starke Marken, ja geradezu Markenpersönlichkeiten. Sie stehen für Spitzenleistungen und blindes Vertrauen. Sie haben sich Zuneigung erarbeitet und einen guten Ruf erworben. Und sie haben sich nachhaltig in den Köpfen der Leute verankert. Der Verwender betrachtet sie wie durch eine rosarote Brille, so wie ein Verliebter, der nur die guten Seiten sieht und über kleine Schwächen milde hinwegschaut. Jede Marke muss das Ziel haben, zu seinem Verwender eine solche Beziehung aufzubauen, über die er oft und leidenschaftlich gerne spricht.

Marken brauchen Fans. Um das zu schaffen, muss die «Pole Position» im Kundenhirn erobert werden. Seinen Lieblingsmarken schenkt man die größte Loyalität. Schon allein aus diesem Grund ist es sinnvoll, sich nur mit den Kunden zu beschäftigen, bei denen es vergleichsweise leicht ist, einen solchen Spitzenplatz zu erreichen. Marktführer haben es dabei besonders leicht. Marktführer sind die Nummer eins einer Gattung. Und wenn die erste Stelle schon besetzt ist? Dann teilt man die Gattung und macht sich dort zur Nummer eins. Beispiel: Taschentücher → Papiertaschentücher → Tempo. Oder:

Bäckerei → Holzofenbäckerei → Holzofenbäcker Müller. Oder: Marketing → Loyalitätsmarketing → Anne M. Schüller.

So muss eine Marke klar und deutlich sagen, wofür sie steht – und sich radikal von Stereotypen und allem Trivialen trennen. Sie soll etwas Besonderes für manche, aber nicht alles für jeden sein. Dort, wo alle sind, ist wenig zu holen. Wer für alles steht, steht für nichts – und ist damit überflüssig. Graue Mitte und Massenstrategien sind tot. Im Idealfall wird eine Marke einen Begriff unanfechtbar besetzen. «Wir können nichts anderes als Solarstromtechnik. Deshalb wollen und müssen wir in dieser einen Sache Spitze sein», heißt es bei der SolarWorld AG.

Ein Slogan (Claim) ist die kurze, prägnante Zusammenfassung der zentralen Botschaft einer Marke. So steht Audi für Vorsprung (durch Technik) und Volvo für Sicherheit. Und wofür steht Opel? Jeder Popel fährt «'nen Opel»? Sprüche wie diese können nur in einem kommunikativen Leerraum entstehen, wenn also das Unternehmen seine Marke(n) nicht klipp und klar positioniert oder durch ständig neue Slogans nur Verwirrung stiftet. Denn dann kann der Konsument nicht lernen, wofür die Marke steht. Und was wir nicht verstehen, das kaufen wir nicht.

Gut gemanagte Marken müssen sich aber nicht nur positionieren, sie müssen ihren Markt auch dominieren. Dann haben sie in aller Regel die meisten Nutzer, die loyalsten Fans, die höchsten Erträge und die stärkste Mundpropaganda. Denn Sieger wollen von Siegern kaufen. Wer ein ausgewiesener Spezialist, ein führender Experte oder die Nummer eins in seiner Branche ist, genießt die meiste Wertschätzung und den höchsten Respekt. Und wenn Sie das sind, dann sagen Sie es der Welt! An der Seite von «Prominenz» zu sein, damit kann man sich schmücken – und alle sollen es wissen.

Ein weiterer Grund: Wenn wir uns einer Sache nicht ganz sicher sind, dann folgen wir der Nummer eins – oder dem, was «Gurus» sagen. Was viele andere kaufen, das kann so falsch nicht sein. Wer bereits Aufmerksamkeit gefunden hat, zieht weitere Aufmerksamkeit an. Der Zweite im Wettkampf ist immer der erste Verlierer. Wer

Marktführer der Köpfe und Herzen ist, wird, wenn überhaupt, höchstens von besseren und gleichzeitig billigeren «Me too»-Marken geschlagen. Oder von Lovemarks.

Der Begriff Lovemarks wurde von Kevin Roberts, CEO der Werbeagentur Saatchi & Saatchi, kreiert. Lovemarks sind Marken, die der Kunde heiß und innig liebt. Das beste Beispiel dafür? Für mich ist es Apple. Apple will Produkte bauen, die so sexy sind, dass sich die Leute darin verlieben. Nur so konnte es gelingen, dass eine Unmenge von Apple-Fans die ganze Kommunikationsarbeit für das Unternehmen und seine Produkte macht. Und Apple will Mitarbeiter, die sich in die Firma verlieben. «Dann werden sie immer das Beste für Apple machen und nicht für sich», verkündet Steve Jobs. Der Weg zur Lovemark, sagt Roberts, geht so: Respekt aufbauen, seine Marke mit Geheimnis, Sinnlichkeit und Intimität aufladen und eine Lovemark-Community gründen. Und das Ergebnis? Loyalität jenseits der Vernunft. Sobald das geschieht, wird die Konkurrenz bedeutungslos.

List-und-Tücke-Marketing hingegen, bei dem es um Täuschung und Hinterhalt, um Lug und Trug und damit um Gewinner und Verlierer geht, sind ein Auslaufmodell. Aufgeklärte Konsumenten lassen sich nicht länger täuschen. Sie wollen nicht von Trugbildern erobert werden, sondern – wenn überhaupt – aufregenden, anziehenden, begehrenswerten, authentischen und ehrlichen Marken erliegen. Die Gewinner von heute stehen für «weiße» Siege. Sie stehen für verantwortungsvolles Handeln und heißen zum Beispiel: Fair Trade, Green Tech oder Bionade, das «offizielle Getränk einer besseren Welt».

Je stärker die emotionale Positionierung, desto stärker ist auch die Marke. Emotion schlägt Funktion. Und starke Emotionen schlagen schwache. So wird Audi – zumindest, solange Marketingleute das Sagen haben – BMW wohl schon bald überholen. Denn Vorsprung ist für unser Hirn ein «must have», Freude (am Fahren) hingegen nur ein «nice to have». Mit Schlagworten und Slogans werden übrigens nicht nur die Hirne der Kunden, sondern auch die Hirne der Mitarbeiter geeicht. So kommt es, dass ein ganzes Unternehmen schließlich ein gemeinsames, großes Ziel verfolgt. Zum Beispiel das Ziel Vorsprung. So heißt die Unternehmensvision von Audi: Taking the Lead.

Die Interaktion mit der Marke findet in vielen Fällen über die Mitarbeiter statt (Behavioral Branding). Sie verkörpern die Marke und geben ihr Stimme und Gesicht. Sie sind gleichzeitig Kommunikatoren, Botschafter und Loyalisierer der Marke. Was das in der Umsetzung bedeutet, wird den Mitarbeitern oft viel zu wenig nahe gebracht. So verspricht etwa die Lebensmittelmarke Rewe den Kunden, jeden Tag ein bisschen besser zu sein. Nur: Im Rewe-Laden bei mir um die Ecke ist alles wie eh und je. So ist das nun mal: Bei vollmundigen Werbebotschaften werden Erwartungen künstlich hochgeschraubt, Enttäuschungen sind vorprogrammiert und von den Mitarbeitenden auszubaden.

Also: Können Sie jeden Tag und bei jedem Kunden garantieren, dass Ihr Werbeversprechen auch erfüllt wird? Ist es «einbeschwerbar»? Und für den Kunden eine Garantie, auf die er sich verlassen darf? Oder ist für Sie eine Aussage dem Kunden gegenüber eben ein bisschen Werbung – und der Käufer wird ja wohl so aufgeklärt sein, dass er zwischen Werbung und Wirklichkeit unterscheiden kann?!

Im Leerraum zwischen Erwartung und erhaltener Leistung werden aus Kunden flüchtende Kunden. Also: Lieber weniger versprechen und mehr erfüllen. Vor allem aber muss – insbesondere im Vorfeld einer neuen Kampagne – mit den Mitarbeitern gemeinsam erarbeitet worden sein, wofür die Marke steht, was das Typische und was das Differenzierende an ihr ist. So soll das Handeln der Mitarbeiter die Markenbotschaft widerspiegeln, damit die massenmedial aufgebauten Erwartungen erfüllt, besser noch übererfüllt werden können – denn erst dann setzt Begeisterung ein. Sogenannte Markenbücher, die die Philosophie der Marke vermitteln, können dabei sehr hilfreich sein. Bei der Firma Nike gibt es «Corporate Storytellers», deren Aufgabe es ist, markenkonforme Geschichten zu erzählen. Über Geschichten lernt sich's bekanntlich am besten.

Ein weiteres Beispiel? Die Automarke Mini. «Is it love?», fragte fabelhaft die Einführungskampagne. Nicht nur entdecken wir am Mini viel Liebe zum Detail, auch die Markenführung ist achtsam und feinsinnig. Viele Aktionen sind so konzipiert, dass sie auf das Konto «Liebe» einzahlen. So hat mir eine Bekannte Folgendes erzählt: Zurück aus der Werkstatt nach einer Inspektion gewahrte sie auf dem Lenkradschoner folgende Botschaft: «Ich habe dich vermisst.» Ganz klar: Diese Werkstatt hat die Marke verstanden – und außerdem für Loyalität und jede Menge Mundpropaganda gesorgt. Denn solche Aktionen sprechen sich wie ein Lauffeuer rum.

Loyalitätsboosting: die Brand Community
Stadt, Land, Personen, Institutionen, Produkte und Services: Alles kann Marke sein. Menschen, die Marken sind, können heutzutage mehr verdienen als manche Großunternehmen. Und wie sieht das Profil einer loyalisierenden, empfehlenswerten Marke aus?
- Eine starke Marke ist einfach zu verstehen.
- Sie ist glasklar positioniert und unverwechselbar.
- Sie bietet einen rationalen Nutzen (Value).
- Sie hat einen hohen emotionalen Mehrwert.
- Sie erbringt die angebotenen Leistungen in Top-Qualität.
- Sie ist glaubwürdig und hält ihre Versprechen ein.
- Sie ist eine sympathische Persönlichkeit mit Charisma.
- Sie inszeniert faszinierende Geschichten.
- Sie ist kontinuierlich und lautstark präsent.
- Sie aktualisiert sich und überrascht immer wieder.
- Sie hat eine Brand Community (Markengemeinschaft).

Brand Communities sind Loyalitätsbeschleuniger erster Güte. Gerade für Markenartikel-Hersteller war es früher ausgesprochen schwierig, ihre Kunden direkt anzusprechen und Loyalitätsinitiativen zu starten. Heute ist das ganz einfach. Über die Community kann jedes registrierte Mitglied aus der Anonymität heraustreten und intensiv mit der Marke verbunden werden.

Wer sich als Mitglied einer Community fühlt, ist deutlich loyaler und empfiehlt die Marke auch häufiger weiter. In seiner Community kann der enthusiastische Fan Erfahrungen austauschen, seinen Gefühlen Ausdruck geben, Interessen mit Gleichgesinnten verfolgen und vor allem: seine Lieblingsmarke feiern. Am besten funktioniert das, wenn die Marke mit den Community-Mitgliedern in einer verknüpften Offline-Online-Welt und in Social Networks agiert.

Wie Online-Loyalität zu erreichen ist

Im Internet ist alles im Fluss. Online-Jahre, heißt es so schön, sind wie Hundejahre: Sieben Offline-Jahre entsprechen einem Online-Jahr, was die Entwicklung betrifft. Unternehmen, die, wie zum Beispiel Google und Amazon, die Online-Loyalität ihrer Kunden systematisch ausgebaut haben, sind innerhalb von zehn Jahren so groß geworden, wie es traditionelle Unternehmen in 50 Jahren nicht schaffen. Niemand hat den Wunsch der Menschen nach Gemeinschaft und Miteinander so schnell verstanden und daraus Nutzen gezogen wie die Besten der Online-Szene.

Mit Hilfe webbasierter Technologien kann heute jeder mit jedem verbunden sein. Kontakte und Beziehungen können auf eine Art und Weise aufgebaut und gepflegt werden, wie dies noch niemals vorher möglich war. Und die Menschen machen reichlich Gebrauch davon. Das Bedürfnis, sich mitzuteilen (Twitter: What's happening), ist riesig, und die Lust, anderen beim Leben zuzuschauen, ist groß. So hatte Facebook, im Jahr 2004 gegründet, im Juni 2011 weltweit über 700 Millionen und in Deutschland über 20 Millionen User, die sich miteinander vernetzen. Bei Computerspielen boomen vor allem die, in denen man in Gruppen spielen kann. Dabei werden Gemeinschaften aufgebaut – und Loyalitäten entstehen. Schließlich kann man seine virtuellen Freunde beim Siegen nicht hängen lassen.

Auch wenn die digitalen Bande meist nicht ganz so fest wie die im realen Leben sind und obwohl sich die User im Web reichlich flatterhaft zeigen: Loyalität gibt es auch im Internet. E-Loyalty ist

Treue auf Elektronisch. Diese zu gewinnen ist möglich – aber herausfordernd genug. Denn der nächste Anbieter ist ja bekanntlich nur einen Mausklick entfernt. Doch auch im Online-Business gilt: Nicht die Suche nach immer neuen Kunden, sondern das Erreichen einer möglichst hohen Treue-Rate bringt den höchsten Ertrag. Ohne treue Kunden wird selbst das beste E-Business-Modell scheitern.

Internet-Loyalität entsteht, wenn ein Nutzer eine Webseite zwecks Information, Kommunikation, Kauf oder Unterhaltung immer wieder besucht. Und dies kann durch nichts erzwungen werden, sondern findet immer freiwillig statt. Spätestens hier zeigt sich also, ob ein Unternehmen Loyalität wirklich verstanden hat. Der prägende Auslöser fürs Wiederkommen im Web? Das erste Mal. War diese Erfahrung eine über die Maßen gute, dann will sie wiederholt werden. Die drei wichtigsten Schlagworte in diesem Kontext: Content, Content, Content (Inhalte).

Viel von dem bislang Gesagten lässt sich auf das Online-Loyalitätsmarketing übertragen. Es gibt aber auch eine ganze Reihe von Besonderheiten. Drei davon möchte ich hier herausstellen:
- Loyalität und Communities,
- Loyalität im E-Commerce,
- Buzz und Opinion Mining.

Mal sehen, was sich dahinter verbirgt.

Communities – die digitale Heimat

Communities entstehen – sie können nicht gebildet werden. Ein Unternehmen kann allenfalls die Plattform bereitstellen, auf der sich die Mitglieder der Community treffen und austauschen. Am Anfang steht immer ein tolles Produkt, eine faszinierende Marke, eine mitreißende Idee. Die Plattform sorgt dafür, dass begeisterte Kunden sich dort treffen, um von ihren Erfahrungen zu erzählen, ihre Erlebnisse mit anderen zu teilen, Empfehlungen auszusprechen und gemeinsam Wissen aufzubauen. Wenn Kunden nicht nur mit den Unternehmen, sondern auch untereinander kommunizieren, so steigert dies nachweislich die Kundentreue.

Arnold Schmied, CEO der österreichisch-amerikanischen Firma Silhouette, berichtete, dass auf einer speziell kreierten Webseite innerhalb weniger Monate über 300 Kundengeschichten eingingen, die sich alle um die Top-Marke Titan Minimal Art drehten. «Wunderbare Geschichten», so Schmied, «die alle verdeutlichen, dass unsere Kunden tatsächlich ein liebevolles Verhältnis zu unseren Brillen haben.»

Webbasierte Communities sind der wohl effizienteste Weg, Loyalität aus der Offline-Welt in die Online-Welt und wieder zurück zu tragen. Sie bieten den Kunden und Fans eine Heimat. Große Marken wie Nutella, Geo, Mini, Nike und Red Bull, aber auch Dienstleister wie die Schweizerischen Bundesbahnen (SBB) und Menschen wie Barack Obama machen uns seit Jahren vor, wie das geht. Doch nicht nur die, auch kleine und mittelständische Unternehmen sowie Verbände, Vereine und Institutionen können mit einem überschaubaren Einsatz von Geld und Manpower sowohl regional als auch international ihre eigene Community erfolgreich aufbauen. Einige Beispiele:

- *Hersteller* können über Produktneuheiten und Verfahrensverbesserungen informieren, Innovationen anstoßen sowie technischen Support anbieten. User können sich vernetzen und gegenseitig helfen. Über einen Danke-Button wird solchermaßen kostenlose Nutzer-Hilfe gewürdigt.

- *Onlineshop-Betreiber* können Themen rund um ihre Produkte besetzen, wie etwa Küche & Garten, Mutter & Kind, Gesundheit & Schönheit.

- *Marken* können Gewinnspiele, Wettbewerbe sowie Online-Games veranstalten und Produktneuheiten gemeinsam mit den Usern entwickeln.

- *Handwerker* können ihre Kunden mit Interessenten zusammenbringen und ambitionierte Laien mit Profitipps bei ihrem Hobby unterstützen.

- *Softwareanbieter* können Beta-Versionen ihrer Lösungen zum Testen sowie Helpdesks zum Fachsimpeln bereitstellen.
- *Beratende Berufe* können Content einstellen, Webinare (Seminare im Web) veranstalten und mit den Usern gemeinsam Projekte entwickeln.
- *Vereinen* bietet sich die Möglichkeit, miteinander in Kontakt zu kommen, sich online zu treffen und neue Mitglieder zu werben. Aktivitäten des Vereins können veröffentlicht und diskutiert werden.
- *Stars und Sternchen* können sich in der Community von ihren Fans feiern lassen. Live-Veranstaltungen können übertragen, Downloads und Merchandising (Fan-Artikel) angeboten werden.
- *Reisebüros und -veranstalter* können ihren Kunden eine Bühne für ihre Reiseerlebnisse schaffen und Reisegemeinschaften organisieren.
- *Spendenorganisationen* können ihre Projekte vorstellen sowie Spender, Sponsoren und Helfer für ihre Aktivitäten zusammenführen.

Der Charakter des Community-Portals muss zum Anbieter passen und die sonstigen Marketingaktivitäten unterstützen. Die Zugänglichkeit muss einfach sein. Eine aktive Vermarktung und die Einbindung in andere Netzwerke ist Pflicht. Ist eine große Anzahl von Nutzern das Ziel, sollte das Empfehlungsverhalten angeregt und die Mitgliedergewinnung bonifiziert werden. Wichtig ist die Möglichkeit, Fotos sowie Audio- und Videodateien hochzuladen. Rankings und Votings geben den Aktiven die Chance, Anerkennung für ihren Einsatz zu erlangen. Ein Community Manager sorgt für Aktualität, immer neue Impulse und Aktivitäten, damit die Community spannend bleibt und lebt. E-Mail-Newsletter helfen dabei. Natürlich kann auch ein Shop integriert werden, der das Betreiben der Plattform rentierlich macht. Permanente Werbung ist hingegen unerwünscht. Die Nutzer wollen in der

Community ja gerade dem allgegenwärtigen Marketinglärm entgehen.

Immer-wieder-Käufe im E-Commerce

Heutzutage ist es gang und gäbe, sich online zu informieren und anschließend im Laden zu kaufen – oder umgekehrt. Die bruchlose Verzahnung dieser beiden Kanäle eröffnet jede Menge Wertschöpfungspotenzial. Doch leider endet eine Online-Beziehung immer noch allzu oft mit dem ersten Kauf. Also wie nun Treue erreichen? Klar, attraktive Angebote sind ein Muss. Und dann? Schnäppchen ohne Ende? Von wegen! Internet-Kunden geben zwei anderen Kriterien den Vorzug: dem Vertrauen zum Anbieter und dem Serviceerleben im Online-Bereich. Hierzu habe ich ein Interview mit dem Online-Experten Dr. Torsten Schwarz geführt:

Herr Schwarz, Loyalität bedeutet: freiwillige Treue, emotionale und andauernde Verbundenheit, leidenschaftliche Fürsprache. Was können Online-Shops tun, um Kundenloyalität in diesem Sinne zu erreichen?

Torsten Schwarz: Online-Shops leben davon, profitable Kunden zu finden und zu binden. Loyalität entsteht, wenn drei Grunderwartungen erfüllt werden:

- *Produktsuche und Onlinekauf funktionieren bequem und reibungslos.*
- *Der Anbieter ist vertrauenswürdig, zuverlässig und sympathisch.*
- *Die Lieferung erfolgt schnell.*

Punkt eins erfordert neben perfektem Webdesign in Zukunft Online-Beratungssysteme. Diese müssen zuverlässig die Frage beantworten, welches Produkt für welche Kunden mit welchen Vor- und Nachteilen verbunden ist. Die Antworten müssen ehrlich und nicht vertrieblich gesteuert sein. Punkt zwei ist online weitaus schwieriger als in einem echten Laden. Das richtige Wording, nette Dialogtexte und vielleicht noch eine eigene Online-Community können zum positiven Image bei-

tragen. Ebenso aber auch pfiffige Twitter-Kommentare. Punkt drei ist für die langfristige Kundenbindung der wichtigste Faktor: Wie lange dauert es von meiner Online-Bestellung bis zum Klingeln des Paketboten? Und wie unbürokratisch und schnell werden Retouren abgewickelt, sofern es sich nicht um «Dauer-Returnierer» handelt?

Und was können Online-Anbieter tun, damit Loyalität zur Webseite entsteht, damit also die Leute die Webseite immer wieder ansurfen?

Das Wichtigste: immer wieder neue relevante Inhalte, also Content (Neuigkeiten, Tipps, Tricks, Meinungen, Umfragen) oder auch Produkte und Sonderangebote. Natürlich sollte ein Website-Betreiber auch alle Tricks nutzen, die Besucher immer wieder auf die Seite aufmerksam machen:

- *E-Mail-Adresse erfragen, Verteiler aufbauen und Newsletter zusenden.*
- *In Suchmaschinen auftauchen, wenn jemand nach einem Thema sucht.*
- *In Twitter beginnen, einen Follower-Stamm aufzubauen.*
- *Einen RSS-Feed mit relevanten Informationen anbieten.*
- *In Communities wie Facebook, Xing oder Wer-kennt-Wen präsent sein.*
- *Allgemein dort präsent sein, wo die Kunden ihre Online-Zeit verbringen.*

Und was kann man tun, damit Abbruch- und Ausstiegsraten, insbesondere während des Kaufvorgangs, zurückgehen?

Da gibt es nur zwei Tipps: Am wichtigsten ist die Optimierung der einfachen Handhabung während des Bestellprozesses. Also keine überflüssigen anklickbaren Störenfriede auf dem Weg zur Kasse. Einfachste Gestaltung und Reduktion auf das Wesentliche: den Weiter-Knopf. Der zweite Trick: Wenn Sie die E-Mail-Adresse haben, senden Sie nach ein paar Tagen den Hinweis, dass da noch ein verlorener Einkaufswagen steht – mit einem direkten Hyperlink.

Soweit Dr. Schwarz. Ergänzend sollen digitale Anreize wie etwa Kupons, Bonuspunkte und Gewinnspiele hier Erwähnung finden. Geldwerte Belohnungen für Treueverhalten spielen online – im Vergleich zur Offline-Welt – eine größere Rolle, da die emotionalisierenden persönlichen Kontakte fehlen. Ganz ausschlaggebend für den Beziehungsaufbau ist – neben Sicherheit, Schnelligkeit, Zuverlässigkeit und eingehaltenen Versprechen – auch hier der After-Sales-Dialog mit dem Kunden: Gut gemachte Bestätigungsschreiben, Lieferbenachrichtigungen, Informationen und individualisierte Hinweise auf weitere passende Angebote sorgen für Vertrauen und persönliche Relevanz – und machen damit aus Erstkäufern wertvolle Immerwieder-Käufer. Das weite Feld des E-Mail-Marketing kommt impulsgebend ins Spiel. Für den Fall, dass Hilfe nötig ist, muss es menschliche Ansprechpartner geben. Partner-Programme (Affiliates) schaffen zusätzliche Attraktivität. Votings, Rankings und andere Formen von «User Generated Content» (UGC) sorgen schließlich für Verbundenheit.

Suchmaschinen-Marketing (SEM), Suchmaschinen-Optimierung (SEO) und Empfehlungslinks von und zu Ihrer Website generieren Popularität und Reputation. Das minutiöse Monitoring der einzelnen Aktivitäten ist ein Muss. Im Rahmen des Behavioral Targeting können schließlich die Surfspuren der User aufgezeichnet und anhand dessen die passenden Loyalisierungsstrategien entwickelt werden. All dies geschieht mit dem Ziel, die einmal gewonnenen Kunden so zu faszinieren, dass sie nicht im Traum daran denken, zu anderen Anbieter-Plattformen zu desertieren. Denn: Die Wiederholungskäufer sind die «Supertargets» im Internet.

Lauschangriff auf Online-Buzz

Innerhalb kürzester Zeit haben sich Kunden in Social Networks (*social* heißt übrigens gesellschaftlich und nicht sozial) zu mächtigen Gruppen organisiert. So haben die Unternehmen die Kontrolle über ihre Kommunikation längst verloren. Gemeinsam wird Stimmung gemacht – für oder gegen Unternehmen. Dies fördert oder zerstört

Loyalität. Eine einzelne Stimme erreicht selten viel, aber die Stimmen vieler verhallen nicht lautlos. Gebloggter bzw. getwitterter Unmut erreicht, dann als «Blogstorm» bezeichnet, wie ein Lauffeuer oft innerhalb weniger Stunden die breite Öffentlichkeit – und wird von den sensationshungrigen Medien dankbar aufgenommen. Auf diese Weise haben wenige Unzufriedene schon so manches Unternehmen schließlich in die Knie gezwungen: Zwar rentierliche, jedoch für die Kunden unangenehme Entscheidungen mussten wieder zurückgenommen werden. Das ist zum Beispiel der Deutschen Bahn, SAP, Nestlé, Sixt, Facebook und Xing so passiert. Andere erlitten schmerzliche Umsatzeinbußen und massiven Kundenschwund.

In meiner Arbeit erlebe ich allerdings regelmäßig: Diese Gefahr wird von vielen Managern immer noch nicht gesehen oder aber heruntergespielt. Man hält die Meinungsäußerungen für gefälscht – oder für irrelevant. In Wirklichkeit ist der Einfluss bereits riesig. Zunehmend folgen die Menschen den Kommentaren auf Meinungsportalen mehr oder weniger blind. So haben schon 19 Prozent aller Reiselustigen, wie die 2009er FUR-Reiseanalyse herausfand, ein anderes als das zunächst beabsichtige Hotel gebucht. Das heißt, schlecht bewertete Hotels verlieren jeden fünften Gast allein durch das Internet – ohne es zu wissen. Und dem Online-Shopper-Report der European Interactive Advertising Association (EIAA) zufolge erwerben fast 60 Prozent der Konsumenten nach ihren Web-Recherchen einen anderen als den ursprünglich geplanten Elektro-Artikel.

Unternehmen müssen also alles daransetzen, ihre Online-Reputation zu stärken. Sie ist ein zunehmend wichtiger Kaufauslöser, fördert die Kundenloyalität und intensiviert das Empfehlungsverhalten. Um dies alles zu erreichen, gibt es genau drei Ansätze: Spitzenleistungen, Vertrauen und Begeisterung. Dies sorgt schließlich für exzellente Kommentare und eine große Zahl von Fans und Mundpropagandisten. Die hohe Kunst eines Anbieters ist es, die Freunde zur Behandlung der Feinde einzusetzen, um somit die Fähnchen im Wind auf die eigene Seite zu ziehen.

Wer dabei für Sie am wertvollsten ist? Die Alphas, also Multiplikatoren und Meinungsführer (Opinion-Leader). Das sind Menschen, die im Rampenlicht stehen, die hohes Ansehen genießen, die einen Expertenstatus besitzen und deshalb eine Leitfunktion einnehmen: Eliten, Autoritäten, Funktionäre, Mentoren, Unternehmer-Persönlichkeiten, Journalisten, anerkannte Stars, bekannte Sportler, Vordenker, Entscheider und Macher. Im Internet kommen Foren-Moderatoren, Profi-Blogger und die Twitterer mit vielen wertigen Followern hinzu. Solche Menschen können die öffentliche Meinung stark prägen und Anbietern, die sie schätzen, schnell zum Erfolg verhelfen. Aufgabe ist es also, «Alphas» zu finden – und für sich zu gewinnen. Und wie? Alles, was ihre Position stärkt, was sie gut aussehen lässt, was ihre Expertise untermauert, hat Chancen, von ihnen weitergereicht zu werden.

Zunächst geht es aber immer darum, dem Online-Buzz (Gerede im Web) zu lauschen, um Schwachstellen aufzuspüren und daraufhin die Angebote verbessern zu können. Hierzu braucht es Online-Monitoring. Die dabei bescheidenen und außerdem kostenlosen Bordmittel heißen: Google Blog Suche, Technorati, Yahoo Pipes, Google Alerts, Yasni und andere mehr.

Profis verwenden spezielle Programme, die das Internet oder zuvor definierte Webseiten mit «Spidern» durchsuchen und relevante Informationen herausfiltern. Dabei wird eine Stimmungsklassifizierung (positiv, negativ, neutral) betrieben. Bei dieser semantischen Version des Social Media Monitoring (SMM) können auch die Quellen der Online-Äußerungen identifiziert und angesteuert werden. Schließlich wird dokumentiert, ob diese Quellen eine Multiplikatoren-Rolle haben, also im positiven Fall sehr nützlich, im negativen Fall jedoch äußerst gefährlich sein können. So lassen sich auch Krisenherde herausfiltern und Trends entdecken. Auf der Basis all dessen können dann passende Strategien entwickelt werden, um dem Ganzen die gewünschte Richtung zu geben.

Die Erkenntnisse aus solchen Untersuchungen sind geeignet, zu völlig neuen Einsichten zu gelangen. So glaubten die Manager eines

Versicherungskonzerns, dass im Web die teuren Tarife kritisiert würden. Nach dem Monitoring war hingegen klar: Die Kunden waren vor allem sauer über die Penetranz des Außendienstes. Mit entsprechenden Schulungsprogrammen konnte schließlich gegengesteuert werden.

Allein dieses eine Beispiel zeigt, wie wertvoll ungefilterte Echtzeit-Meinungen aus dem Web für die Früherkennung von Problemen sind. Vor allem das Top-Management sollte sich dafür rege interessieren. Denn aus dem eigenen Haus erhält es meist nur solche Informationen, von denen «die weiter unten» glauben, dass man sie «oben» hören will. Insgesamt lassen sich die Erkenntnisse aus dem Online-Monitoring in den unterschiedlichsten Unternehmensbereichen sinnvoll nutzen:

- *in Forschung & Entwicklung:* Anstöße für neue Produktideen,
- *in der Rechtsabteilung:* Aufspüren von Markenmissbräuchen etc.,
- *in der Marktforschung:* Früherkennung von Trends im Kundenverhalten,
- *im Marketing:* Vorbereiten, Testen und Optimieren von Kampagnen,
- *im Brand Management:* Einblick in die Kundenseele (Customer Insights),
- *in der Öffentlichkeitsarbeit:* Krisenherde aufspüren und schnell reagieren,
- *im Vertrieb:* Konkurrenzbeobachtung, Markt- und Wettbewerbsanalysen,
- *im After Sales Service:* etwaige Probleme zügig erfassen und beheben,
- *in der Finanzabteilung:* Früherkennung von Bonitätsproblemen.

All dies dient schließlich dem einen Ziel: der Loyalitätsführerschaft. Deshalb gehören E-Loyalty wie auch Social Media Marketing auf der Unternehmensagenda zukünftig ganz weit nach vorne – und beides muss von Profis begleitet werden.

Die erste und die zweite Loyalität

Aus den Augen, aus dem Sinn. Dieses Sprichwort bringt auf den Punkt, was im Vertrieb bezüglich verlorener Kunden immer noch allzu oft praktiziert wird. Verlorene Kunden sind vergessene Kunden. Oder sie werden als «Karteileiche» einfach aus der Datenbank gelöscht. Dabei schlummert im Ex-Kundenkreis ein beträchtliches Ertragspotenzial. Es ist nämlich nicht nur kostengünstiger, sondern häufig auch leichter, abgesprungene Kunden zurückzuholen, anstatt echte Neukunden zu akquirieren – wenn man weiß, wie Ersteres geht. Und wie viele Unternehmen haben dies schon erkannt? 35 Prozent aller Unternehmen beschäftigen sich überhaupt nicht mit dem Thema Kundenrückgewinnung. 53 Prozent tun dies höchstens punktuell. Nur zwölf Prozent betreiben Kundenrückgewinnung als definierten und systematischen Prozess. Dies ist das Ergebnis einer von mir initiierten repräsentativen Befragung unter 300 Führungskräften der deutschen Wirtschaft im Rahmen des Excellence Barometers 2009.

Das Kundenrückgewinnungsmanagement (Customer Recovery) beginnt dort, wo alle Loyalisierungsmaßnahmen erfolglos blieben, wenn also der Kunde die Geschäftsbeziehung offiziell beendet bzw. das Unternehmen stillschweigend verlassen hat. Demnach ergeben sich zwei Ansatzpunkte:

- das Abwanderungsmanagement mit dem Ziel des Abwehrens bzw. der Rücknahme von Kündigungen und
- das Revitalisierungsmanagement mit dem Ziel der Wiederaufnahme der abgebrochenen bzw. eingeschlafenen Geschäftsbeziehung.

Im Einzelnen geht es darum, zu erkennen, wer aus welchen Gründen abgewandert ist und wen man wie zurückholen kann und will, um es im zweiten Anlauf besser zu machen. Dies erfolgt in fünf Schritten:

1. Identifizierung der verlorenen bzw. «schlafenden» Kunden,
2. Analyse der Verlustursachen,

3. Planung und Umsetzung von Rückgewinnungsmaßnahmen,
4. Erfolgskontrolle und Optimierung,
5. Prävention bzw. Aufbau einer «2. Loyalität».

Alle Maßnahmen zielen letztlich auf den fünften Schritt: die Prävention von Kundenverlusten. Denn noch besser als verlorene Kunden zu reaktivieren ist es, erst gar keine zu verlieren. Und bei den zurückgewonnenen Kunden gilt es, eine «zweite Loyalität» aufzubauen, was bedeutet: Die Gründe (diesmal) zu bleiben sind besser als die Gründe (wieder) zu gehen. Eine dritte Chance gibt es so gut wie nie.

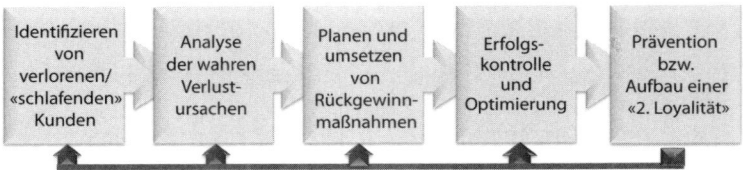

Abb. 4: Der Prozess des Kundenrückgewinnungs-Managements.

Oft waren es übrigens nur Kleinigkeiten, die für Verärgerung und Missstimmung gesorgt haben – und schließlich zum Kundenverlust führten. Allerdings vergessen wir Menschen meist schnell und verzeihen gern. Viele ehemalige Kunden wären demnach bereit, ihrem Ex eine zweite Chance zu geben, würde man sie nur gebührend darum bitten, etwaige Probleme aus der Welt schaffen – und ihnen das Wiederkommen ein wenig versüßen.

So ergab eine vom Marktforschungsinstitut Ciao Survey durchgeführte Studie zum Kundenservice in Deutschland, dass nur zwölf Prozent der Befragten unter keinen Umständen zu ihrem ehemaligen Anbieter zurückkehren wollten. Auf die Frage «Was müsste eine Firma tun, die Sie aufgrund eines schlechten Kundenservice als Kunden verloren hat, um Sie zurückzugewinnen?» antworteten die 1000 Online-Teilnehmer auf die vorgegebenen Möglichkeiten wie folgt:

28 %: Beweisen, dass ich ihnen als Kunde wichtig bin.
24 %: Beweisen, dass sich ihr Kundenservice verbessert hat.
20 %: Mir einen Preisnachlass bzw. eine Gutschrift anbieten.
12 %: Nichts, ich werde nie zurückgehen.
 7 %: Die Mitarbeiter im Kundenservice besser schulen.
 6 %: Sich entschuldigen.
 2 %: Der Manager müsste mich kontaktieren.

Wer systematisch seine Kundenverluste analysiert, wird Entdeckungen machen, die manche schön zurechtgelegte Hypothese ad absurdum führen. Fragt man ehemalige Kunden großer Energieanbieter, was ausschlaggebend für ihren Wechsel war, so lautet die Antwort häufig: «Dort war ich als Kunde nur eine Nummer. Denen war ich nichts wert.»

Dies ist nur ein Beispiel von vielen, das zeigt: Kundenverluste haben viel seltener etwas mit Preisen zu tun, als allgemein angenommen wird. Das Argument «zu teuer» ist ein wunderbarer Vorwand für beide Seiten: für den Kunden, damit er seine emotionale Verletztheit nicht offenlegen muss, und für den Mitarbeiter/Verkäufer/Manager, um sich aus der persönlichen Verantwortung zu stehlen. Doch nur, wer die wahren Ursachen für den Wechsel kennt, kann die richtigen korrigierenden Maßnahmen einleiten.

Wie aus Ihren ehemaligen Kunden zukünftige werden? Alles, was Sie dazu wissen müssen, steht in meinem Buch «Come back!». Eines ist jedenfalls sicher: Je länger ein Unternehmen einen rentablen Kunden hält, desto mehr Gewinn kann es durch ihn erzielen. Oberstes Ziel sollte es daher sein, möglichst keinen einzigen profitablen Kunden zu verlieren, den man behalten will. Hohe Kundenloyalität und geringe Abwanderungsraten sichern den dauerhaften Geschäftserfolg. Das Kundenrückgewinnungs-Management ist ein äußerst wirkungsvoller Baustein auf dem Weg zu diesem Ziel.

Der loyale Kunde als aktiver Empfehler

Die Krönung aller Loyalisierungsbemühungen? Wenn Kunden zu begeisterten Fans, zu engagierten Botschaftern und enthusiastischen Fürsprechern werden. Wer beginnt, ein Unternehmen mit Inbrunst und Leidenschaft zu empfehlen, wird dieses kaum mehr verlassen. So kommt man zu Kunden mit quasi eingebauter Bleibe-Garantie.

Gerade bei strategischen Überlegungen wird immer noch allzu oft übersehen, dass die effizientesten Wachstumstreiber all die Kunden sind, die die Angebote eines Unternehmens regelmäßig weiterempfehlen. Denn nicht worauf die Unternehmen so stolz sind, sondern einzig und allein, was die Kunden über deren Produkte und Angebote, Services und Marken, kurz über deren Performance sagen, was auf der Straße hinter vorgehaltener Hand geredet, im Internet der ganzen Welt erzählt und in den Medien an die große Glocke gehängt wird, entscheidet über das Wohl und Wehe am Markt. Besser also, die Unternehmen hören gut hin – und ermutigen ihre Kunden, sie in den höchsten Tönen zu loben.

Empfehlungsmarketing schlägt klassisches Marketing und ist jeder Kaltakquise überlegen. Denn Empfehler sind die besten Verkäufer. Sie haben die höchste Glaubwürdigkeit und die geringsten Streuverluste. So sicher wie das Amen in der Kirche sorgen sie für hochwertiges Neugeschäft. Ihre Abschlussquoten liegen weit über denen im klassischen Vertrieb. Denn Empfehler haben einen Vertrauensbonus. Sie machen neugierig und verbreiten Kauflaune. Ihre Empfehlungen wirken verlässlich und neutral. Hierdurch verringern sich Kaufwiderstände erheblich und das Ja-Sagen fällt leicht. Empfohlenes Geschäft ist quasi schon vorverkauft. Dies führt bei dem, der die Empfehlung erhält, zu einer positiveren Wahrnehmung, zu zügigen Entscheidungen, zu höherwertigen Abschlüssen und zu loyalerem Geschäftsgebaren. Und schnell auch zu neuem Empfehlungsgeschäft.

Weiterempfehlungen sind somit das Wertvollste, das ein Anbieter von seinen Kunden bekommen kann. Das Marketing und die komplette Vertriebsmannschaft müssen lernen, gezielt ihre Kunden als positive Kommunikatoren so mit einzubinden, dass diese zu aktiven Empfehlern werden. Passive Empfehler warten, bis sie bei passender Gelegenheit gefragt werden. Aktive Empfehler ergreifen von sich aus die Initiative. Sie sprechen allerdings eine Empfehlung erst dann aus, wenn sie sich ihrer Sache sicher sind. Denn mit jeder Empfehlung steht ja immer auch die eigene Reputation auf dem Spiel.

Empfehlungen sind letztlich Vertrauenssache. Deshalb werden nur Spitzenleistungen weiterempfohlen. Wer empfohlen werden will, braucht außerdem ein exzellentes Image und hoch qualifizierte Mitarbeiter, die nicht nur fachlich top, sondern auch Menschenversteher sind. Man sollte ferner auf seinem Gebiet bekannt und anerkannt sein – und außergewöhnliche, ja geradezu faszinierende Erlebnisse bieten. All dies sorgt für den so wichtigen Erzählstoff, der Mundpropaganda auslöst und schließlich Empfehlungen bewirkt. Doch selbst das beste Produkt nutzt nichts, wenn es an Sympathie mangelt. Wen wir nicht leiden können, den empfehlen wir nicht.

Um also empfohlen zu werden, muss man empfehlenswert sein. Eigene Erfahrungen spielen dabei die entscheidende Rolle. Deshalb lassen sich Empfehler in aller Regel nur aus dem Pool begeisterter Bestandskunden gewinnen. Deren Empfehlungen sind allerdings immer subjektiv und sehr persönlich. Und sie polarisieren. Für das, worüber man mit Leidenschaft spricht, geht man bisweilen durchs Feuer. Und etwas, das man hasst wie die Pest, weil es einen zutiefst verletzt oder enttäuscht hat, will man womöglich zerstören. Das Internet ist dann der Helfershelfer, dem man seinen ganzen Groll erzählt. Dort ist man nie allein. Und das, was dort einmal die Runde macht, ist nie mehr zu löschen.

Positive Empfehler werden im Wesentlichen aus drei Gründen aktiv:

- um als jemand zu gelten, der sich auskennt – dahinter steckt das Statusmotiv;
- um dazu beizutragen, dass es anderen gut geht – dahinter steckt das Hilfe-Motiv;

- aus finanziellen oder materiellen Gründen – man erhofft sich eine Belohnung.

Man gebe also potenziellen Empfehlern vor allem etwas, das sie gut aussehen lässt, womit sie sich profilieren oder anderen nützlich sein können. Dann hat es gute Chancen, von ihnen empfohlen zu werden. Um Geld dreht es sich vorrangig dann, wenn Emotionalisierendes wie Faszination oder zwischenmenschliche Kontakte auf der Strecke bleiben. Ist aber Monetäres im Spiel, geht es immer auch um eigene Interessen. Da wird dann der Empfehlungsempfänger immer etwas vorsichtiger sein.

Das neue Empfehlungsmarketing

Inzwischen hat sich – wie Märkte und Konsumenten auch – das Empfehlungsmarketing kräftig gewandelt. Es ist weit umfassender als die lieblose Überreichung eines Freunde-werben-Freunde-Flyers oder die lästige Frage nach ein paar Adressen am Ende eines Verkaufsgesprächs. Es beinhaltet auch mehr als den banalen Satz «Empfehlen Sie uns weiter», der ziemlich penetrant daherkommt und höchstens zufällige Mundpropaganda auslöst. Das moderne Empfehlungsmarketing zielt auf einen systematischen Aufbau des Empfehlungsgeschäfts.

Und diese Aufgabe ist äußerst facettenreich. Denn pfiffige, bislang noch wenig beanspruchte Werbeformen und insbesondere das Internet eröffnen inzwischen völlig neue Wege in Sachen Mundpropaganda:
- *Buzz-Marketing,* das einer gesteuerten Mundpropaganda entspricht,
- *Advocating,* das mit dem Referenz-Selling vergleichbar ist,
- *Virales Marketing,* das als Online-Empfehlungsmarketing gilt.

Wer aktives Empfehlungsmarketing betreibt, wartet nicht länger in aller Bescheidenheit darauf, entdeckt zu werden. Er treibt den Empfehlungsprozess vielmehr aktiv voran – online wie offline. Multiplikatoren spielen dabei, wie schon gesehen, eine Schlüsselrolle.

Leider überlassen es die meisten Firmen immer noch dem puren Zufall, ob ihre Kunden sie weiterempfehlen. Und schlimmer noch: 40 Prozent aller Unternehmen beschäftigen sich überhaupt nicht mit dem Thema. 49 Prozent tun dies höchstens punktuell. Nur 11 Prozent betreiben Empfehlungsmarketing als definierten und systematischen Prozess. Dies ist das Ergebnis meiner bereits zitierten repräsentativen Befragung unter 300 Führungskräften der deutschen Wirtschaft aus dem Jahr 2009. Dabei lässt sich das Empfehlungsgeschäft mit geringen Mitteln planmäßig steuern und aktiv gestalten. Dies erfolgt im Rahmen eines vierstufigen Managementprozesses. Alle Details dazu finden Sie in meinem Buch «Zukunftstrend Empfehlungsmarketing».

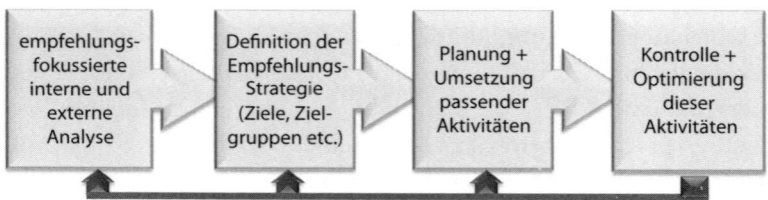

Abb. 5: Der Managementprozess des Empfehlungsmarketings

Die gute Nachricht: Um das Empfehlungsmarketing zu steuern, braucht es kein komplexes Kennzahlensystem. Der Loyalitätsexperte Frederick F. Reichheld empfiehlt hierzu die «ultimative Frage», mit deren Hilfe sich die Empfehlungsbereitschaft messen lässt. Ich selbst favorisiere die Empfehlungsrate.

Wie die Empfehlungsbereitschaft ermittelt wird
Eine der markantesten Erkenntnisse aus den Untersuchungen Reichhelds lautet: Unternehmen brauchen keine komplexen Kundenstudien, sondern am Ende nur ein, zwei Fragen, die kontinuierlich gestellt werden müssen. Als die mit Abstand effektivste Frage schlägt er

die folgende vor, die er die «ultimative Frage» nennt: «Wie wahrscheinlich ist es, dass Sie Unternehmen X an einen Freund oder Kollegen weiterempfehlen werden?»

Zusammen mit Bain & Company wurde eine Skala von null bis zehn entwickelt. Dabei lassen sich die Kunden anhand der Antworten in drei Gruppen einteilen: Promotoren, passiv Zufriedene und Kritiker. Als Promotoren gelten dabei nur diejenigen, die ihre Empfehlungsbereitschaft mit 9 oder 10 einstufen. Von den Promotoren werden die Kritiker (zwischen 0 und 6) abgezogen. Das Ergebnis ist der sogenannte Net Promoter® Score (NPS), der zeigt, wie erfolgreich sich ein Unternehmen Kundenloyalität erarbeitet hat. Er kann positiv oder negativ sein.

So hat Bain & Company in 2006 den NPS für eine Reihe von Automarken ermittelt. Dabei erreichte Porsche den Spitzenwert von 68. Toyota erhielt 55, Audi 47, BMW 42, Mercedes 28, Opel minus 7 und Schlusslicht Fiat minus 24. Es zeigte sich, dass Loyalität vor allem durch Aktivitäten in der Besitzphase gesichert wird. So verspielte Mercedes die Gunst der Kunden vor allem durch das Werkstatt-Verhalten bei Fehlfunktionen am Fahrzeug. Porsche hingegen schnitt in der loyalisierenden Besitzphase besonders gut ab. «Wer sich einen Porsche zulegt, kauft nicht bloß ein Auto, er lebt einen Mythos», heißt es dort. Dieses Image plus viele begleitende Maßnahmen, wie etwa das Kundenmagazin «Christopherus», der Porsche Club, Porsche Tequipment sowie spezielle Porsche-Events, machen Porsche-Fahrer zu einer verschworenen Gemeinschaft. Rund 70 Prozent aller jemals gebauten Porsche, so heißt es, werden heute noch gefahren. Im Hirnscanner erreicht Porsche übrigens Spitzenwerte bei der Aktivierung des Belohnungssystems. Und so titelte eine Porsche Anzeigenkampagne folgerichtig: «Für die größte Zielgruppe der Welt: Menschen mit Gefühlen.»

Der NPS misst freilich nur die «Temperatur» der Empfehlungsbereitschaft. Die Gründe dafür müssen mit einer zweiten Frage ermittelt werden, und die geht so: «Was ist der wichtigste Grund für die Bewertung, die Sie gerade abgegeben haben?» Vor allem aber zeigt der NPS nicht, ob auf die Empfehlungsbereitschaft auch Taten folgen. Wollen ist ja nett, doch erst das Tun – wenn also tatsächlich eine wirkungsvolle Empfehlung ausgesprochen wird – kann schließlich zu neuen Kunden führen. Der NPS ist also höchstens eine Hilfskennzahl, geeignet vor allem für Unternehmen mit großen Kundenbeständen und wenig persönlichem Kundenkontakt. In allen anderen Fällen empfehle ich das Ermitteln der Empfehlungsrate.

Wie die Empfehlungsrate gemessen wird

Die Empfehlungsrate zählt zu den wertvollsten und damit wichtigsten betriebswirtschaftlichen Kennzahlen. Sie sollte deshalb im Businessplan ganz vorne stehen. Wer nicht länger empfehlenswert ist, ist auch bald nicht mehr kaufenswert. Was Sie im Wesentlichen wissen müssen:

- Wie viele Kunden empfehlen uns weiter? Und warum genau?
- Welche Produkte/Services werden am stärksten empfohlen?
- Wer genau hat uns empfohlen? Und wie bedanken wir uns dafür?
- Wie ist der Empfehlungsprozess abgelaufen? Gibt es erkennbare und damit wiederholbare Muster?
- Wie viele Kunden haben aufgrund einer Empfehlung erstmals gekauft? Und wie hoch ist somit Ihre Empfehlungsrate?

Die Empfehlungsrate ist gleichzeitig Ausgangspunkt und Ziel eines systematisch gesteuerten Empfehlungsmarketings. Am Ende reichen drei einfache Fragen, um dem auf die Spur zu kommen. So kann bei jedem Kunden, der zum ersten Mal kauft, soweit es die Situation erlaubt, am Ende des persönlichen oder telefonischen Gesprächs wie folgt gefragt werden. Dies wird eingeleitet mit: Ach übrigens ...

- Wie sind Sie eigentlich auf uns aufmerksam geworden? Sofern eine Empfehlung im Spiel war, geht es dann weiter wie folgt:
- Und jetzt interessiert mich mal: Was hat denn der Empfehler über uns/unser Produkt/unseren Service gesagt?

- Und jetzt bin ich mal ganz neugierig: Wer war das denn, der uns empfohlen hat?

Durch die erste Frage lässt sich ermitteln, wie viel Prozent der neuen Kunden aufgrund einer Empfehlung kamen: Das ist Ihre Empfehlungsrate. Die Antwort auf diese Frage zeigt im Übrigen auch, wofür Sie in Zukunft Ihr Werbebudget verstärkt ausgeben sollten. Über die zweite Frage gibt der Kunde Hinweise darauf, was genau Sie erfolgreich macht und in welche Richtung Sie sich und Ihre Angebotspalette weiterentwickeln können. Die empfehlungsstärksten Angebote sollten dabei zukünftig favorisiert werden.

Konnten Sie den Namen eines Empfehlers erfahren: Bedanken Sie sich! Und zwar unverzüglich und überschwänglich, telefonisch oder besser noch persönlich – am besten verbunden mit einem kleinen individuellen und überraschenden Geschenk. Das hat sich der Empfehler auch redlich verdient, er hat ja schließlich kostenlos (!) Verkaufsarbeit geleistet. Vor allem: Wird er belohnt, wird er dies wahrscheinlich wieder tun.

In der Folge lassen sich weitere Details analysieren, um empfehlungsfokussierte Aktivitäten zukünftig zielführend zu gestalten. Hierzu gehören beispielsweise die folgenden Leitfragen:

- Wie hoch ist die Terminquote bei empfohlenem Geschäft? Und bei nicht empfohlenem?
- Wie lange dauert es bis zum Abschluss bei empfohlenem Geschäft? Und bei nicht empfohlenem?
- Wie hoch ist die Abschlussquote bei empfohlenem Geschäft? Und bei nicht empfohlenem?
- Wie teuer ist ein neu gewonnener Kunde, wenn er aufgrund einer Empfehlung kommt? Und wie teuer ist er im Fall anderer Sales- & Marketing-Aktivitäten?
- Wie hoch sind die durchschnittlichen Umsätze bei empfohlenem Geschäft? Und bei nicht empfohlenem?
- Wie stark spielen Rabatte bzw. Sonderkonditionen eine Rolle bei empfohlenem Geschäft? Und bei nicht empfohlenem?

- Mit welcher Wahrscheinlichkeit werden Empfehlungsempfänger, die Kunde wurden, selbst als Empfehler aktiv?
- Wer spricht die wirkungsvollsten Empfehlungen aus?
- Wer sind unsere stärksten Empfehler?
- Wie markieren wir unsere Empfehler in der Datenbank?
- Gibt es unter unseren Empfehlern Meinungsführer und Multiplikatoren?
- Welche Kundenkreise bzw. Branchen empfehlen am ehesten weiter?
- Gibt es geschlechterspezifische oder regionale Unterschiede?

Auf Basis der Ergebnisse lassen sich dann konkrete Maßnahmen erarbeiten, um die derzeitige Empfehlungsrate weiter zu steigern. Spitzenleister tun sich dabei besonders leicht, denn Menschen sind für jede Hilfestellung dankbar, die das Risiko von Fehlentscheidungen reduziert. Empfehler schenken uns außerdem Zeit. Und sie geben unserem Hirn «Peace of Mind», was aufgrund der Informationsüberflutung in Zukunft noch sehr viel wichtiger sein wird. Ein weiteres Plus: Empfehler kontaktieren gezielt und ohne Streuverluste genau die Personen, die sich für die in Rede stehende Leistung auch tatsächlich interessieren.

Von seinen Kunden empfohlen zu werden ist nicht nur die wirkungsvollste, sondern auch die kostengünstigste Form der Kunden-Neugewinnung – und damit die intelligenteste Rendite-Zuwachsstrategie aller Zeiten.

Und schließlich: Die verschärften Datenschutzgesetze machen es immer schwieriger, Interessenten «kalt» anzusprechen. Ein Empfehler hingegen schafft nicht nur Wärme, sondern auch ein perfektes Entrée.

2. Loyalitätsführerschaft als Unternehmensstrategie

Die Strategie ist das vernachlässigte Kind in vielen Business-Plänen. Ist nämlich erst einmal sauber analysiert, was Sache ist, wo es brennt und welche Chancen locken, beginnt es in den Fingern zu jucken. Manager wollen managen, die meisten sind Menschen der Tat. Im Straßengeflecht der Möglichkeiten suchen sie nach passenden Wegen zum Erfolg. Nicht alle sind wirklich Strategen, die sich zunächst auf einen Hügel begeben und den Überblick suchen. Ihre Schlüsselfragen würden lauten:

- Was sind meine/unsere großen Ziele im Loyalitätsmarketing?
- Wer kann mir helfen, diese Ziele zu erreichen?
- Wie muss ich aufgestellt sein, um diese Ziele zu erreichen?

Erst wenn diese Fragen geklärt sind, lässt sich sagen, welche Wege die geeigneten sind. Wichtig dabei: Gute Planungen berücksichtigen mehrere Wege zum Ziel: die ideale Strecke (best case), die realistische Strecke sowie die Strecke für den Fall, dass alle Stricke reißen (worst case). Vielen Unternehmern fehlt bei ihren Planungen ein Bestcase- und ein Worstcase-Szenario in der Schublade, ein Modell für den Aufstieg oder den freien Fall. Im strategischen Loyalitätsmarketing ist vor allem zu betrachten,

- warum Loyalität für das Unternehmen so wichtig ist,
- unter welchen Umständen man sie zerstört,
- wie sie dauerhaft gesichert werden kann,
- wie sie sich messen und damit auch steuern lässt.

Der eingangs zitierte Leitsatz heißt: Nie auf Kosten rentabler loyaler Kunden. Auf dieser Basis werden vor jeder kundenbezogenen Entscheidung folgende Fragen gestellt: Erzeugt das, was wir vorhaben, Loyalität? Oder wird es die Kunden vertreiben? Wird man uns dafür hassen oder lieben? Erzeugt es Mundpropaganda und jede Menge Empfehlungsgeschäft?

Für viele Unternehmen sind solche Fragen neu. Nicht wenige folgen immer noch Methoden von Ex-Gurus aus dem letzten Jahrhundert, dem Gruselkabinett schlechter Management-Moden, die oft so unreflektiert übernommen werden. So werden, um nur ein Beispiel zu nennen, passabel profitable und gut an das Unternehmen gebundene Kunden gerne «Melkkühe» (Cash Cows) genannt. Wen wundert es da, dass Stammkunden schlecht behandelt und ausgesaugt werden?

Ganze Manager-Generationen haben an den Unis etwas über das Abschöpfen von Zahlungsbereitschaften gehört und in der Praxis dann die miesen, kleinen Tricks gelernt, mit denen das tatsächlich funktioniert. Was soll's, ruft man mir zu, der größte Manipulator sitzt doch im eigenen Kopf. Das stimmt. Nur unterscheide ich zwischen «schwarzer» und «weißer» Manipulation. Die erste will, um an eigene Vorteile zu gelangen, dem Kunden schaden, sie lügt, betrügt und führt die Kunden in die Irre. Die zweite tut dies nicht. Ihr Ziel heißt Win-win. Denn nur, wenn beide Seiten gewinnen, lohnen Geschäftsbeziehungen auf Dauer.

Die Vorteile einer langfristigen Ausrichtung auf Kundentreue

Kostendruck bedeutet, dass einem Unternehmen die Ideen ausgegangen sind. Runter mit den Preisen und runter mit dem Personal mag ein kurzfristiger Krisenplan sein, aber ein nachhaltiges Erfolgsrezept ist es nicht. Wer hingegen die Loyalität seiner Kunden gewinnt und auf Dauer bewahren kann, steigert die Wertschöpfung auf beeindruckende Weise. So ergeben sich auf der Umsatzseite folgende Vorteile:

- *Hohe Wiederkauf-Raten und mehr Frequenz:* Loyale Kunden kaufen öfter. Sie konzentrieren ihre Kaufkraft auf wenige bevorzugte

Anbieter. Sie kaufen auch regelmäßiger. Durch solchen quasi schon vorverkauften Umsatz erhöht sich die Planungssicherheit.

- *Zusatzverkäufe (Cross-Selling, Add-on-Selling, Up-Selling):* Loyale Kunden sind mit der kompletten Angebotspalette besser vertraut. Sie kaufen ergänzende, zusätzliche und meist auch hochwertigere Waren ein. Ihr Vertrauensvorschuss lässt sie bei Neueinführungen eher zugreifen.

- *Geringere Preis-Sensibilität:* Die Zahlungsbereitschaft loyaler Käufer ist (bis auf Ausnahmen) höher. Die Rolle des Preises relativiert sich, sie vergleichen seltener. Sie verhandeln auch nicht «bis aufs Messer».

- *Längere Vertragsdauer:* Loyale Kunden sind immun gegenüber anderen Anbietern und vergleichbaren Leistungen sowie resistent gegenüber Abwerbeversuchen. Verträge verlängern sie oft automatisch.

- *Kostenloses Neugeschäft:* Durch positive Mundpropaganda und aktive Empfehlungen werden neue Kunden gewonnen. Empfohlenes Geschäft ist leichter abzuschließen. Wer aufgrund einer Empfehlung Kunde wurde, spricht auch selbst eher Empfehlungen aus.

- *Homogenerer Kundenmix:* Bestehende Kunden ziehen ähnliche Neukunden an. Dies verbessert die Kundenstruktur und ermöglicht die Spezialisierung auf favorisierte Kundengruppen.

- *Image- und Wettbewerbsvorteile:* Loyale Kunden verteidigen «ihren» Anbieter gegen Kritik oder Angriffe von außen. Sie reden schlecht über die Konkurrenz und diskreditieren deren Image.

- *Mehrumsatz durch Anregungen und Innovationsanstöße:* Loyale Kunden engagieren sich für ihre Anbieter, sie sagen, wenn ihnen etwas nicht passt, sie machen Verbesserungsvorschläge. So werden sie zu Ideengebern und kostenlosen Unternehmensberatern. Kundenrelevante Produktinnovationen und neue Servicedienste können entstehen.

Schon allein diese Übersicht kann richtig Lust auf loyale Kunden machen. Und es kommt noch besser. Auf der Kostenseite bewirken sie Folgendes:

- *Niedrigere Akquisekosten:* Kunden zu loyalisieren ist günstiger als Neukunden zu gewinnen. Denn Stammkunden brauchen weniger klassische Werbung und weniger kostenintensive Vertriebsarbeit.

- *Optimierter Werbemitteleinsatz:* Durch Konzentration aller Aktivitäten auf die loyalsten Zielgruppen und die gezielte Ansprache derselben entstehen geringere Streuverluste.

- *Reduktion von Geschäftsrisiken:* Es entstehen geringere Debitoren-Probleme, denn loyale Kunden zahlen (in aller Regel) besser bzw. verursachen weniger Ausfälle. Geschäftsfreunde betrügt man nicht.

- *Verringerte Prozesskosten:* Planbares Wiederkaufverhalten kommt Einkauf, Produktion und Logistik zugute. Dies führt zu reduzierten Transaktionskosten, zu höherer Prozess-Effizienz sowie zu zeitsparenden Ablauf-Routinen. Da Kunde und Mitarbeiter gut miteinander vertraut sind, werden auch weniger Kundendienst-Ressourcen verbraucht.

- *Steigende Mitarbeiterzufriedenheit:* Die sichtbare Wertschätzung loyaler Kunden verbessert das Arbeitsklima. Hierdurch steigen Engagement und Produktivität. Der Arbeitgeber wird zunehmend attraktiv: Stolz auf die Arbeit und den Arbeitsplatz entsteht. Dies wird nach außen getragen und lockt wiederum Kunden an.

- *Geringere Mitarbeiterfluktuation:* Sie führt zu sinkenden Kosten für die Gewinnung und Ausbildung neuer Mitarbeiter sowie zu abteilungsübergreifend eingeschliffeneren Routinen und geringerem Fehlerrisiko. Passende Bewerber werden vorselektiert und durch positive Mundpropaganda angezogen.

- *Geringere Reklamationskosten:* Treue Kunden sind toleranter gegenüber Fehlern. Sie sind großzügiger bei der Fehlerbereinigung und weniger fordernd bei Regressansprüchen. Sie halten ihrem

Anbieter auch dann noch die Treue, wenn einmal Patzer passieren.

- *Honorarfreies Mitarbeiter- und Management-Coaching:* Dies reduziert die Kosten für externe Berater und das Flop-Risiko bei der Neueinführung von Produkten und Services.

Wie hoch die Vorteile durch loyale Kunden sind, erkennen Unternehmen erst dann in aller Deutlichkeit, wenn sie beginnen, die anfallenden Kosten verursachungsgerecht auf Neukunden und Bestandskunden aufzuteilen. Das heißt: Messinstrumentarien und Kennzahlensysteme müssen gezielt auf Loyalitätsaspekte ausgerichtet werden. Und das Ersparte? Es sollte wiederum loyalitätsfördernd investiert werden: in loyalitätsträchtige Innovationen, in kundenorientierte Mitarbeiter, in guten Service und in loyalitätsfokussiertes Marketing. So erzeugen Sie eine Loyalitätsspirale, die sich immer weiter nach oben dreht. Damit stärken Sie schließlich Ihre Marktposition und schwächen gleichzeitig Ihre Konkurrenz.

Loyalitätsbasiert: eine neue Zielgruppen-Typologie

Nicht jeder ist uns als Kunde recht. Diese Erkenntnis ist vielleicht traurig, aber wahr. Wir wollen ja gerade die wertvollste aller Ressourcen, das Loyalisierungspotenzial unserer Mitarbeiter, nicht an die Falschen verschwenden. Das Gleiche gilt natürlich auch für Zeit und Geld, das wir in Werbung oder Angebote für Nicht-Käufer bzw. Illoyale stecken. Ergo: Im Loyalitätsmarketing treffen wir eine Zielgruppenauswahl nach Loyalitätskriterien.

Wer hat überhaupt Treuepotenzial?

Marketer haben ja die merkwürdige Angewohnheit, nicht mit Individuen, sondern mit Zielgruppen zu arbeiten. Diese gedankliche Bündelung von Menschen nach gemeinsamen Merkmalen, Eigenschaften und Verhaltensweisen schafft anscheinend erst die Voraussetzung für eine effiziente Ansprache von potenziellen Kunden. Zielgruppen als solche können aber nicht loyal sein. Und natürlich gibt es auch «den» Kunden, Käufer oder Konsumenten nicht. Es liegt an jedem Einzelnen, ob er einem Unternehmen und seinen Angeboten die Treue hält. Und wir können wohl davon ausgehen, dass die Neigung zur Loyalität bei den Menschen – wie alle anderen Charaktereigenschaften auch – ungleich verteilt ist.

Also suchen wir die Loyalen in der Masse. Doch wie erkennen, wonach suchen? Kaum einer wird bei der Frage «Werden Sie ein loyaler Kunde sein, wenn wir Sie erst einmal von unseren Leistungen überzeugt haben?» die Hand heben oder bei einer Studie an dieser Stelle ein dickes «Ja» ankreuzen. Insofern können auch Selbstsegmentierungs-Verfahren, bei denen der Kunde sich selbst in eine passende Zielgruppe einsortiert, im Loyalitätsmarketing nicht weiterhelfen. Andere Verfahren müssen her. Ich empfehle:

- Hilfe aus der klassischen Marktforschung,
- die Klassifizierung nach limbischen Typen,
- die loyalitätsbasierte Bestandskunden-Qualifizierung,
- die RFMR/FRAT-Methode.

Schauen wir uns diese ein wenig genauer an.

Hilfe aus der klassischen Marktforschung

Um sich dem Loyalitätspotenzial der Menschen zu nähern, können von Fall zu Fall Kriterien aus der klassischen Marktforschung herangezogen werden:

- *Geografische Merkmale:* Berg oder Tal, Stadt oder Land, Apartment oder Reihenhaus, wo leben die Loyalsten? Aus den Erfahrungen von Katalogversendern wissen wir zum Beispiel, dass mit geringer werdender Einwohnerzahl die Wiederkauf-Raten steigen. Außerdem finden wir in ländlichen Gebieten eine größere Anzahl von Haushalten mit klassischen Familienstrukturen. Ein Hort der Treue?
- *Geschlecht und Alter:* Sind Frauen treuer als Männer? Generell

gesprochen: im Business ja. Zahlreiche Studien haben dies inzwischen bestätigt. Nimmt mit zunehmendem Alter die (Marken-)Treue zu? Ebenfalls ja. Routinen stellen sich ein, die «Gier nach Neuem» lässt nach und damit auch die Bereitschaft, andere Anbieter auszuprobieren. Wichtig ist allerdings nicht, wie alt man wirklich ist, sondern, wie alt man sich fühlt.

- *Rolle im Haushalt:* Die Frage ist hierbei nicht nur, wie leicht oder schwer sich die «haushaltsführende Person» oder der «Haushaltsvorstand» loyalisieren lassen. Denn immens ist der Einfluss von Kindern auf die Konsumgewohnheiten einer Familie. Haben Sie schon einmal versucht, in Anwesenheit eines 4-Jährigen den «falschen» Yoghurt im Supermarkt zu kaufen? Kinder und Jugendliche sind mit ihrer steten Suche nach Neuigkeiten nicht selten eine Gefahr für den Loyalisierungsprozess. Haben sie einen andererseits tief ins Herz geschlossen, können sie die eifrigsten Fürsprecher sein.

- *Einkommen und Kaufkraft:* Mit zunehmendem Einkommen werden die sachlichen Zwänge, nach Billig-Angeboten zu greifen, geringer. Die Lust und das Vermögen, sich etwas gönnen zu können, werden größer. Wer ist nun loyaler: der, der viel, oder der, der wenig hat? Rechnen können Sie mit beidem. Nur die Argumente bei der Loyalisierung werden wohl andere sein.

- *Ausbildung und Beruf:* Ob Student, Arbeiter, Angestellter, Beamter, Freiberufler, Selbstständiger oder Unternehmer, Hausfrau/-mann oder Rentner – keiner ist vor Loyalität gefeit. Buchhalter oder Kreativer? Die berufliche Tätigkeit kann mit Loyalität korrelieren.

- *Erwartungen an Produkt/Leistung/Nutzen:* Die persönlichen Erwartungen bestimmen ganz wesentlich die spätere Zufriedenheit mit der empfangenen Leistung. Je genauer wir diese Erwartungen in Hinblick auf Qualität, Zuverlässigkeit etc. kennen, desto präziser können wir sie (über-)erfüllen. Hierzu zählt auch der riesige Bereich der persönlichen Vorlieben und

Eigenheiten. Insbesondere Dienstleistungsunternehmen eröffnet sich hierdurch ein enorm breites Feld an Loyalisierungs-Gelegenheiten.

- *Persönlichkeit/Charaktereigenschaften:* Handelt es sich bei Loyalität überhaupt um eine Charaktereigenschaft, die man hat oder nicht? Oder um eine implizite Empfindung, die bei nahezu jedem Menschen, wenn auch in unterschiedlichen Ausprägungen, hervorgerufen werden kann? Schließlich sind wir «Herdentiere». Wenn Darwin recht hat, haben die Loyalen überlebt – und nur die stärksten illoyalen Einzelgänger.

Immer mehr stellt sich inzwischen heraus, dass nicht demografische Gegebenheiten und Milieu-Zuordnungen unser Verhalten bestimmen, sondern Wertemuster und sogenannte Mindsets, die auch mit unserer Hirnarchitektur zu tun haben. Lassen wir dazu einen Experten sprechen.

Die limbischen Typen und ihr Loyalitätspotenzial
Nach Hans-Georg Häusel, Diplompsychologe und «Erfinder» des Limbic®-Ansatzes, sind die cerebralen Emotionssysteme die maßgeblichen Loyalitätsgeneratoren. Er spricht von drei großen Emotionssystemen:
- das Balance-System, das Sicherheit und Stabilität sucht;
- das Dominanz-System, das nach Macht, Status und Autonomie strebt;
- das Stimulanz-System, das Neues erkunden und Spaß haben will.

Die Menschen unterscheiden sich stark in der Ausprägung dieser Emotionssysteme, Letztere machen den Kern einer Persönlichkeit aus. Jeder betrachtet die Welt durch die Brille seines eigenen einzigartigen Emotionssystems. Und: Wir suchen die Angebote und Marken, die zu unserer Emotionsstruktur passen. Lassen wir Herrn Dr. Häusel dazu selbst zu Wort kommen: «Unterschiede in der Persönlichkeit sorgen für eine unterschiedliche Bewertung des Produkt-

oder Serviceangebotes eines Unternehmens. Loyalisierungsstrategien müssen diese Persönlichkeitsunterschiede berücksichtigen. Ich möchte das an den drei emotionalen Haupttypen im Bereich Service verdeutlichen.

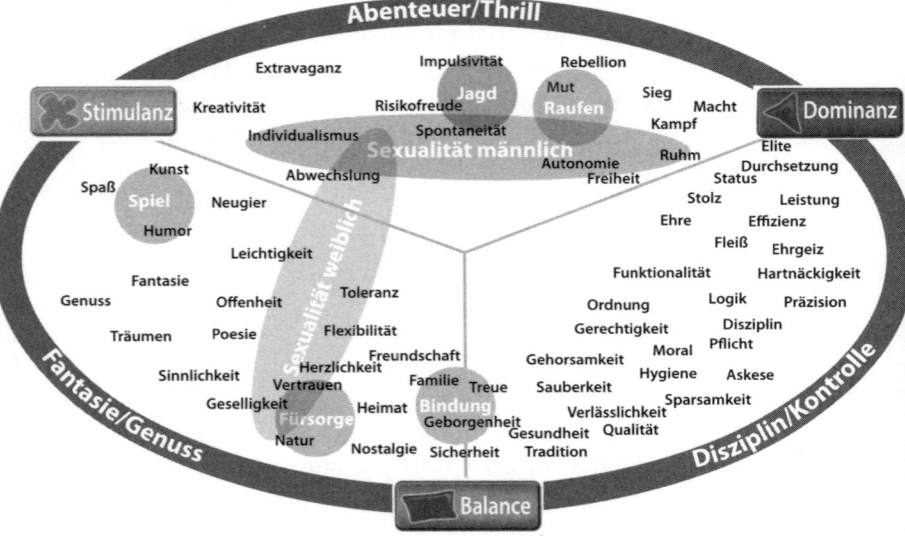

Abb. 6: Die Limpic Map. Copyright Dr. Hans-Georg Häusel, Gruppe Nymphenburg.

Beginnen wir bei den *Bewahrern*. Bewahrer sind Menschen mit einer überdurchschnittlichen Ausprägung des Balance-Systems. Sie suchen Sicherheit und Stabilität, jede Abweichung vom Erwarteten löst bei ihnen Stress aus. Wie können wir ihre Loyalität gewinnen? Dadurch, dass wir dieser Gruppe im Service ein Maximum an Sicherheit und Geborgenheit geben. Bewahrer möchten das Gefühl haben, dass man sich um sie herzlich kümmert und dass man persönliche Nähe aufbaut. Die Serviceprozesse müssen einfach und verstehbar sein, jede Komplexität löst bei ihnen Beklommenheit aus. Die sie betreuende Person sollte möglichst nicht wechseln, denn jedes neue Gesicht löst Unsicherheit aus. Diese Gruppe liebt auch Traditions- und Familienunternehmen, die in der Unternehmenskultur schon Balance-Aspekte von Haus aus mitbringen.

Die nächste Gruppe sind die *Performer*. Sie zeichnen sich durch ein stark ausgeprägtes Dominanz-System aus. Sie sind sehr leistungsorientiert. Ihre Loyalität gewinnt man zum Beispiel durch ein Maximum an Effizienz und Perfektion in den Prozessen. Da diese Gruppe eine hohe technische Affinität hat, kann der Kontakt mit und zum Unternehmen auch teilweise automatisiert sein, wenn es dadurch schneller geht. Da diese Gruppe sehr statusorientiert ist, reagiert sie weit überdurchschnittlich auf Services oder Angebote mit Status-Versprechen.

Bleiben noch die *Hedonisten*. Aufgrund ihres extrem starken Stimulanz-Systems sind sie auf der Suche nach Abwechslung, nach Neuem und Spaß. Während die Bewahrer hohen Wert auf Kontinuität legen, freuen sich Hedonisten auf die Abwechslung. Das ist auch der Grund, warum diese Gruppe in der Regel die geringste Anbieter-Treue hat. Ihre Loyalität lässt sich etwa durch Einladung zu Innovationsseminaren oder überraschende Events steuern. Sie bevorzugen Anbieter mit hohem Kreativpotenzial. Sie sind Kommunikatoren und exzellente Multiplikatoren.

Da wir Menschen – wenn auch in unterschiedlichen Ausprägungen – alle Emotionssysteme im Gehirn haben, darf man diese Typisierung nicht allzu holzschnittartig umsetzen. Eine Suppe, die allen gleich schmeckt, wird es nicht geben. Man muss lernen, genau ins Herz der Zielgruppe zu kochen.»

Soweit Dr. Häusel. Was lässt sich an dieser kurzen Einführung bereits erkennen? Menschen müssen auf ganz unterschiedliche, individualisierte Art und Weise loyalisiert werden. Nicht jeder hat das gleiche Interesse an den «üblichen Kundenbindungsmaßnahmen», wie Mailings, Newsletter, Kundenzeitschriften und Kundenevents. Niemals darf man dabei von seinen eigenen Vorlieben ausgehen. Am ehesten können uns diejenigen helfen, bei denen es bereits geklappt hat. Schauen wir uns also einmal das Loyalitätsverhalten unserer bestehenden Kunden an.

Die loyalitätsbasierte Bestandskunden-Qualifizierung

In der betrieblichen Praxis ist vielfach zu beobachten, dass Unternehmen kein klares Bild bzw. mangelnde Transparenz über den Grad der Loyalität ihrer Kunden haben. So kann es zielführend sein, seine Kunden nach Loyalitätsgesichtspunkten wie folgt zu qualifizieren:

- *Illoyale Kunden:* Illoyale Kunden kommen und gehen. Sie sind immer dort, wo es gerade am günstigsten ist – und meistens bei der Konkurrenz. Bei Ihnen tauchen sie höchstens dann wieder auf, wenn Besonderheiten geboten werden. Natürlich können auch Einmalkäufer profitabel sein, wenn man wenig Ressourcen investiert. Und natürlich besitzen auch Einmalkäufer einen Mundpropaganda-, Referenz- und Empfehlungswert.

- *Bedingt loyale Kunden:* Das sind Kunden, die Gleiches bei mehreren Anbietern kaufen. Sie haben zum Beispiel einen Zweitlieferanten oder eine Zweitbank. Man kann dabei auch von geteilter Loyalität sprechen. Die Gründe dafür sind verschieden. So kaufe ich zwar regelmäßig im Bioladen um die Ecke, ab und an gehe ich aber auch auf den Wochenmarkt. Auf Geschäftsreisen habe ich meine Stammhotels, von meinen Kunden werde ich aber auch anderswo eingebucht. Zwar habe ich eine Lieblingstankstelle, aber manchmal geht mir vorzeitig der Sprit aus. Bedingt loyale Kunden lieben Sie nicht wirklich, hassen Sie aber auch nicht. Sie werden Ihnen treu verbunden bleiben, solange sich nichts Besseres bietet. Sie sind allerdings auch eine Gefahr, denn sie wiegen die Unternehmen in Sicherheit. Latent sind sie nämlich immer wechselbereit.

- *Total loyale Kunden:* Das sind uns, wenn sie rentabel sind, die liebsten. Sie kaufen fast immer oder ausschließlich bei uns und sind das Ziel aller Bemühungen im Loyalitätsmarketing. Solche «Supertargets» lassen sich wie folgt weiter spezifizieren: uneingeschränkt treue Wiederkäufer sowie loyale Botschafter (Mundpropagandisten) und hochloyale Empfehler (Advocates) als Meinungsführer und Multiplikatoren. Der Unterschied? Bei der Mundpropaganda geht es vorrangig um das mehr oder weniger meinungsbildende «Über ein Unternehmen und seine Angebote reden» («Ich hab da was gesehen?» oder: «Hast du das schon gehört?»). Eine Empfehlung impliziert über die reine Kommunikation hinaus einen einflussnehmenden Handlungshinweis, dem in den meisten Fällen eine eigene Erfahrung mit dem jeweiligen Angebot vorausgeht. («Kann ich dir besten Gewissens empfehlen.»)

Wie ist nun weiter vorzugehen? Zunächst definieren Sie die Kriterien, die dem jeweiligen Loyalitätsstatus zugrunde liegen, was von Branche zu Branche verschieden ist. Bei einem Maschinenbauteile-Hersteller sieht das vereinfacht zum Beispiel so aus:

- total loyal = kauft (fast) ausschließlich bei uns,
- bedingt loyal = arbeitet mit uns und unseren Wettbewerbern,
- illoyal = bevorzugt fast immer den Wettbewerb.

Zur weiteren Spezifizierung kann man die Scoring-Methode zu Hilfe nehmen. Dabei werden ausgewählte Kriterien auf einer Skala von null bis zehn bewertet. Die Punkte (= Scores) werden schließlich aufaddiert und in eine Rangreihe gebracht.

In der Folge lassen sich, zumindest bei einem überschaubaren Kundenkreis, die zu betrachtenden Kunden in eine Portfolio-Matrix eintragen, deren Achsen Rentabilität und Loyalitätsstatus heißen. Wie sich die Rentabilität errechnet, wird ebenfalls im Vorfeld definiert. Dies kann materielle wie auch immaterielle Aspekte beinhalten, wie zum Beispiel: Deckungsbeitrag, Preissensibilität, Zahlungsmentalität, Bonität, Betreuungsaufwand, Reklamationsbereitschaft, Zukunfts-, Image- und Empfehlungswert.

Ist die Matrix erstellt, sehen Sie auf einen Blick, bei wem und in welche Richtung Rentabilisierungs- und Loyalisierungsinitiativen angebracht sind. Und es wird offensichtlich, von welchen Kunden Sie sich trennen müssen: zum Beispiel von Kunden, die zwar noch ab und zu kaufen, aber unablässig schlecht über Sie reden. Das ist negative Loyalität. Und negative Rentabilität? Ein besessen loyaler, regelmäßig kaufender Verlustbringer ist wohl das Schlimmste, was einem Unternehmen passieren kann. Hat ein solcher Kunde einen hohen Image- oder Empfehlungswert, dann heißt es: versuchen, ihn rentabel zu machen. Ansonsten: Finger weg! Ein Rauswurf will allerdings gut überlegt sein, damit der Schuss nicht nach hinten geht. So packen Sie es am besten an:

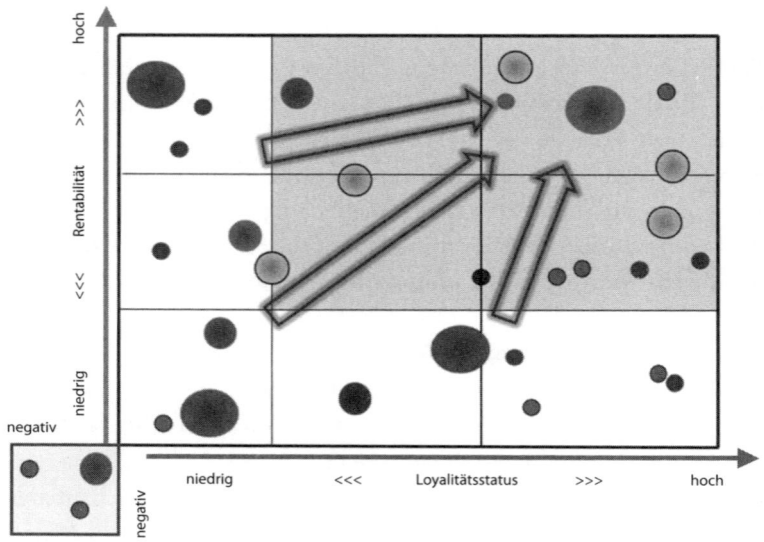

Abb. 7: Zehn-Felder-Portfolioanalyse mit den Achsen Loyalitätsstatus und Rentabilität. Durch die unterschiedliche Größe der Punkte lässt sich eine dritte Dimension, durch Einfärben der Punkte eine vierte Dimension einbauen.

- *Wandeln:* Ändern Sie die Bestellmengen, die Lieferfrequenzen, die Zahlungsbedingungen oder den Betreuungsmodus, um Kosten zu sparen. Und: Sprechen Sie den Kunden aktiv auf hochwertige Empfehlungen an.
- *Verhandeln:* Erläutern Sie Ihr Geschäftsmodell. Involvieren Sie

den Kunden und suchen Sie nach gemeinsamen Lösungen. Ein loyaler Kunde wird Sie nicht hängen lassen, Ihnen also, wenn's geht, entgegenkommen.

- *Beenden:* Wenn die vorangegangenen Schritte ergebnislos waren und eine Trennung unumgänglich ist: Kommunizieren Sie fair, angemessen und wertschätzend, frei nach dem Harvard-Prinzip: Hart in der Sache und weich zu den Menschen. So bleiben Sie in guter Erinnerung und halten die Tür ein wenig offen für eine eventuelle spätere Rückkehr unter besseren Bedingungen. Die Amerikaner nennen das einen «Beautiful Exit».

Haben Ihre Kunden bereits einen gewissen Loyalitätslevel erreicht, heißt es, diesen auszubauen. Das kann bedeuten: Der Kunde kauft mehr, er kauft weitere Artikel, er kauft öfter oder hochwertiger. Systematisch kann man immer tiefer in noch nicht erschlossene Bereiche des Kundenunternehmens vordringen, um weitere Abnahmequellen zu erschließen. Das Ziel ist erst erreicht, wenn der Kunde sein komplettes Potenzial hochrentierlich bei Ihnen abdeckt, wenn er Sie regelmäßig weiterempfiehlt und wenn er Sie gleichzeitig zu seinem Lieblingsunternehmen auserkoren hat.

Bei den total loyalen Kunden gilt es, deren Loyalität zu erhalten oder besser noch gemeinsam mit der Rentabilität weiter zu steigern. Hierbei ist vor allem Treue zu belohnen. So veranstalteten die schweizerischen Bernie's Fashion Stores landesweit am Abend vor dem alljährlich stattfindenden Ausverkauf ein exklusives Nightshopping-Event mit einem Umtrunk nur für ihre Stammkunden. Die Zahl der Gäste sowie die Umsätze haben, so Marketingleiterin Patricia Cecilia, sämtliche Erwartungen übertroffen.

Ist die Klassifizierung komplett, lässt sich in der Folge zielsicher in Richtung Loyalität agieren. Analysieren Sie beispielsweise einmal ganz genau, wie Sie an Ihre loyalen Kunden gekommen sind, was sie auszeichnet und wie sie sich verhalten. Welche Muster sind zu erkennen? Und welche davon lassen sich reproduzieren? So können Profile und Prozesse erstellt werden, mit deren Hilfe man systematisch auf die Suche nach neuen loyalen und profitablen Kunden gehen kann.

Man lernt dabei auch, solche Kunden zu meiden, bei denen alle Loyalisierungsbemühungen zwecklos sind. Denn Loyalität lässt sich nicht bei allen und jedem erreichen – und schon gar nicht auf die gleiche Weise. So lässt sich auch sicherstellen, dass durch falsche Aktivitäten nicht illoyale und unrentable Kunden angelockt werden. Die am leichtesten zu gewinnenden Kunden sind ja nicht selten die am wenigsten loyalen. Lockvögel wie Sonderangebote, Gutscheinaktionen, Gewinnspiele sowie falsch aufgesetzte Vertriebsprovisionen zielen meist unbedachterweise auf die schnellen Wechsler. Sie können das für sich herausfinden, wenn Sie Umsatz bzw. Verweildauer von Sonderpreis- und Gutschein-Kunden denen von loyalen Stammkunden gegenüberstellen.

Ist der Loyalitätsstatus definiert, dann sollte dieser nicht nur in der Datenbank gespeichert, sondern unmittelbar beim Aufrufen des Datensatzes auch sofort sichtbar sein. Warum? Damit jeder Mitarbeiter sofort erkennt, wenn er einen kostbaren Kundenschatz vor sich hat. In so einem Fall wird dann zum Beispiel die Buchhaltung (hoffentlich!) in Zukunft keine Standardmahnung mehr versenden, sondern sich etwas Loyalisierenderes einfallen lassen. Das klingt zum Beispiel im Hotel Schindlerhof in Nürnberg so: «Psst! Bisher weiß es noch keiner außer mir. Ich habe in meiner Datenbank einen Vermerk entdeckt, dass Sie noch eine offene Rechnung haben. Sollte ich innerhalb von zehn Tagen keinen Zahlungseingang verbuchen, bin ich leider verpflichtet, Sie an unsere Buchhalterin zu verpetzen. Und das möchten Sie doch sicher vermeiden. Ihr Buchhaltungscomputer aus dem Schindlerhof.» Die Wahl der richtigen Worte kann manchmal kleine Mahnwesen-Wunder bewirken.

Die RFMR/FRAT-Methode

In vielen Branchen sind komplexe Berechnungsmodelle hilfreich, die Rückschlüsse auf das Loyalitätspotenzial der Kunden erlauben. Wenn es um hohe und steuerbare Wiederkauf-Aktivitäten geht, heißt ein brauchbares Instrument RFMR (Recency-Frequency-Monetary-Ratio). Es kommt aus dem Versandhandel. Hinter dem Kürzel verbirgt sich das Datum des letzten Kaufs, die Kaufhäufigkeit und der Wert einer Transaktion. Das damit verwandte FRAT-Modell misst neben Kaufdatum (Frequency), Kaufhäufigkeit (Recency) und Bestellwert (Amount of Purchase) auch die Produktpräferenz (Type of Purchase).

Aus diesen Daten lassen sich Punktwerte (Ratios) bilden. Den Kunden, die in naher Vergangenheit gekauft haben, wird ein höherer Punktwert zugeordnet als Kunden, die länger nicht mehr kauften. Wer oft bestellt, erhält mehr Punkte als Einmalkäufer, Kunden mit höheren Bestellwerten werden besser bepunktet. Aus dem Gesamtpunktwert kann schließlich abgeleitet werden, wem man welche Loyalisierungsmaßnahmen angedeihen lässt. Im Versandhandel schlagen die RFMR-Kriterien nachweislich alle klassischen Segmentierungen nach Alter, Geschlecht, Produktaffinität usw.

Etwas vereinfacht können auf dieser Basis die Kunden entsprechend ihrem Treueverhalten eingeteilt werden, wobei folgende Kategorien entstehen:

- *Aktiv:* Anzahl und Aktualität der Transaktionen haben den gewohnten Umfang im gewohnten Rhythmus.
- *Nachlassend:* Anzahl, Aktualität und/oder Umfang der Transaktionen nehmen ab.
- *Steigend:* Anzahl, Aktualität und/oder Umfang der Transaktionen nehmen zu. Dabei kann man noch nach Aufbaukunden, die erst kürzlich gewonnen wurden, und jahrelangen Stammkunden unterscheiden.
- *Fällig:* Anzahl und/oder Umfang der gewohnten Transaktionen wurden leicht unterschritten bzw. der gewohnte Rhythmus leicht überschritten.
- *Überfällig:* Anzahl und/oder Umfang der gewohnten Transaktionen wurden um eine Menge x unterschritten bzw. der gewohnte Rhythmus um einen Zeitraum y überschritten.

137

- *Inaktiv:* keine Transaktionen in einem Zeitraum x. Man spricht dann meist von schlafenden Kunden.
- *Verloren:* keine Transaktionen seit Zeitpunkt x. Besteht kein Vertrag, muss ein Zeitpunkt bestimmt werden, ab dem ein Kunde als verloren gilt. Die österreichische Baumarktkette Baumax definiert zum Beispiel als verloren die Kunden, die neun Monate lang nicht mehr gekauft haben.

Auf Basis dieser Einteilung können dann passende Maßnahmen eingeleitet werden. Darauf aufbauend kann mit Hilfe von Churn-Analysen (churn = change & turn) die Wechselwilligkeit untersucht und ein Frühwarnsystem installiert werden, um die Stabilität der Kundenbeziehungen permanent zu überwachen. Gute Kundeninformationssysteme stellen dazu einen vielseitig einsetzbaren Benachrichtigungs- und Aktionsdienst zur Verfügung.

Kennzahlen im Loyalitätsmanagement

Manager beten Zahlen wie Götzen an. «Nur was man messen kann, kann man auch steuern», sagen sie gern. Nicht selten tun sie das Falsche, Hauptsache, es kann gemessen werden. Controlling ist bis zu einem gewissen Punkt ja richtig, man kann's aber auch kräftig übertreiben. Ausufernde Berichtsbürokratie und vollgestopfte Excel-Sheets sind nichts als ein Blick in den Rückspiegel und ein prima Beschäftigungsprogramm für Angsthasen und mutlose Entscheider. Planungssicherheit? Ein Widerspruch in sich! Wenn überhaupt, dann ist höchstens noch das Geschäft mit regelmäßig kaufenden loyalen Kunden planbar. Das übermäßige Hantieren mit vergangenheitsorientiertem Zahlensalat hält sowieso nur von einem ab: sich intensiv mit den Kunden der Zukunft zu beschäftigen.

Vertriebsmitarbeiter verbringen die meiste Zeit mit Reportings. Manager sind ständig in Budgetbesprechungen. Führungskräfte bedrohen ihre Mitarbeiter mit dauernden Reviews – und schaffen so ein Klima der Angst. Chefetage-Ziele sind reine Rentabilitätsziele, die nur eine Richtung kennen: nach oben. All das hat mit dem, was den Kunden berührt, nur noch wenig zu tun. Und schlimmer noch: Berechtigte Kundeninteressen werden auf dem Altar kurzatmiger Gewinne gnadenlos geopfert.

Dabei müsste die Messung der Beziehungsqualität genauso wichtig sein wie die Messung der Profitabilität. Deshalb heißt es, sich als Erstes radikal von unnötigen Reportings zu trennen. Danach sollten Leistungskennzahlen (KPIs = Key Performance Indicators) eingeführt werden, die vornehmlich der Kundenloyalisierung dienen. Was man zum Beispiel mal ausrechnen kann:

- wie viel Ertrag man durch abgewanderte Kunden oder negative Mundpropaganda verliert;
- den Wert verärgerter Stammkunden, die man verliert, weil Neukunden die besseren Angebote erhalten;
- den Wert all der Kunden, die wegen einer schlechten Reklamationsbearbeitung verlorengehen.

Auf diese Weise ließe sich endlich dokumentieren, wie viel Rendite durch eine nachlässige Kundenbehandlung entwischt. Aber wer will das schon? Niederlagen sind tabu in den vom Erfolg getriebenen Managerkulturen. Lieber beschäftigt man sich mit zweifelhaften Siegen im Neukunden-Geschäft – selbst wenn diese mit hohen Streuverlusten und beträchtlichem finanziellen Aufwand teuer erkauft wurden. Oder eben: Man misst nur das, was sich leicht messen lässt, nämlich die «Hardfacts» – und wird dabei blind und taub für Menschlichkeit. Zum Beispiel kann der Handel ganz genau sagen, wie viel Umsatz verlorengeht, wenn Produkte im Regal fehlen. Was dabei gern übersehen wird: Selbst prall gefüllte Stellflächen nützen gar nichts, wenn ein hilfesuchender Kunde unberaten von dannen zieht.

So sind sieben Kennzahlen im Loyalitätsmarketing unumgänglich:

- *Die Wiederkaufbereitschaft:* Sie lässt sich für die verschiedenen Angebote und auch pro Kunde bzw. Kundengruppe ermitteln.

Ergänzend lässt sich erforschen, ob eine Ausweitung der Nachfrage auf andere Produkte des Anbieters geplant ist oder in Frage kommt. Die Werte sollten unbedingt je nach Loyalitätsstatus (bedingt loyal, total loyal, Empfehler) erhoben werden.

- *Die Wiederkaufrate bzw. Nutzungshäufigkeit:* Sie lässt sich pro Kunde, pro Kundengruppe, je nach Loyalitätsstatus und für einzelne Bereiche ermitteln. Sie ist ein vergangenheitsbezogener Wert, der sich auch in die Zukunft prognostizieren lässt. Ergänzend kann ermittelt werden, wie hoch der Anteil am gesamten Auftragsvolumen des Kunden ist bzw. mit wie vielen weiteren Anbietern man sich den Kuchen teilt.
- *Der Kundenwert:* Das ist der abgezinste Geldwert eines Kunden über den gesamten Beziehungszeitraum. Dieser meist Customer Lifetime Values (CLV) genannte Wert wird nach einer komplizierten Formel berechnet. «Weiche» Faktoren wie der Beratungs-, Empfehlungs-, Referenz- oder Imagewert eines Kunden werden dabei (leider) nicht berücksichtigt, was die Betrachtung in eine falsche Richtung lenkt. Die Werte je Loyalitätsstatus sollten miteinander verglichen werden.
- *Die Empfehlungsbereitschaft:* Sie wird durch den NPS ermittelt, der bereits vorgestellt wurde.
- *Die Empfehlungsrate:* Sie wird wie bereits vorgestellt ermittelt.
- *Die Kundenfluktuationsrate:* Das ist die Anzahl der Kunden, die das Unternehmen jährlich verlassen. Wenn beispielsweise eine Firma pro Jahr 25 Prozent ihrer Kunden verliert, heißt das statistisch, dass die Kunden im Durchschnitt vier Jahre bleiben, sich also der komplette Kundenstamm alle vier Jahre erneuert. Ermitteln und vergleichen lassen sich diese Zahlen beispielsweise auch nach Loyalitätsstatus sowie für einzelne Kundengruppen, Produktlinien oder Firmenbereiche und bei Filialisten und Franchisern für die einzelnen Niederlassungen bzw. Partner.
- *Die Kundenrückgewinnungsrate:* Das ist die Anzahl der wieder zurückgewonnenen Kunden geteilt durch die Anzahl der zwecks Rückgewinnung kontaktierten Kunden.

Diese sieben Kennzahlen entscheiden über das Leben und Sterben eines Unternehmens. So haben hohe Fluktuationsraten – vor allem, wenn die lukrativen Kunden wegbrechen – einen verheerenden Einfluss auf dessen wirtschaftliche Stabilität. Demgegenüber sind Empfehlungen wie auch zurückgewonnene Kunden ergiebige Wege zum Neugeschäft. Anhand der Kennzahlen und daraus abgeleiteter Indizes kann genauestens berechnet werden, wie sich die systematische Erhöhung der Kundenloyalität auf das Unternehmensergebnis auswirken wird. Die Betrachtung ist also nicht vergangenheitsbezogen, sondern zukunftsorientiert.

Hier eine Auswahl von Leitfragen, mit denen Sie sich beschäftigen können, um zu einem loyalitätsbasierten Kennzahlensystem zu kommen:

- Wie viele Kunden gewinnen wir pro Jahr bzw. Zeitperiode? Welche davon sind profitabel und loyal? Und warum?
- Ab wann ist ein Kunde loyal? An welchen Faktoren messen wir dies?
- Welches sind die wichtigsten Loyalitätstreiber (Key Drivers)? Und was darf auf keinen Fall passieren?
- Welches noch unentdeckte weitere Loyalitätspotenzial steckt im Unternehmen unserer Kunden?
- Kennen unsere Kunden unsere komplette Leistungspalette?
- Welche Kundenbeziehungen wollen wir aus-, welche abbauen?
- Wie viel kostet es uns, einen neuen Kunden zu gewinnen?
- Wie viel kostet es uns, einen bestehenden Kunden zu halten?
- Wie hoch ist die durchschnittliche Verweildauer unserer Kunden (nach Kundensegmenten, Berufsgruppen, Altersgruppen u. ä. getrennt)?
- Wie viele Kunden verlieren wir pro Jahr bzw. Zeitperiode? Wie hoch ist die Fluktuationsrate in den unterschiedlichen Bereichen, Regionen, Filialen? Wie kommt es zu diesen Unterschieden?
- Wie viel Umsatz bzw. zukünftigen Umsatz verlieren wir durch abwandernde Kunden?

- Warum verlieren wir diese Kunden? Wie erfahren wir davon?
- Bei wem kaufen diese die Leistung nun? Und warum?
- Welche negative Mundpropaganda entsteht uns hierdurch?
- Welche unserer Kunden sind abwanderungsgefährdet? Was können wir dagegen tun? Lässt sich ein Frühwarnsystem installieren?
- Wie viele bzw. welche Kunden verlieren wir, weil wir Mitarbeiter verlieren?
- Wie viele Kunden empfehlen uns weiter – und warum genau?
- Wie viele Kunden sind aufgrund einer Empfehlung gekommen – und warum genau?

Aufschlussreich ist auch, wie schon erläutert, die Untersuchung der Frage, welche Loyalität am höchsten ist:
- die zum Unternehmen selbst bzw. zu einem Standort, einer Filiale oder Betriebsstätte?
- die zu den Angeboten und Services bzw. den Marken des Unternehmens?
- die zu den Mitarbeitern und Ansprechpartnern?

Solche und weitere Fragen lassen sich am besten beantworten, indem man sie den Kunden stellt. Niemand weiß so viel über die Kunden, wie die Kunden selbst. Dabei kommt es auf die richtige Befragungsmethode an.

Kundenbefragungen im Loyalitätsmanagement

Der Thematik, wie man repräsentative Studien erstellt und Kundenzufriedenheit messen kann, widmen sich ganze Regale von Marktforschungsliteratur. Lassen Sie sie getrost dort stehen. Im Loyalitätsmarketing nützt es ohnehin nichts, Zufriedenheit zu messen. Zufriedenheit und Loyalität korrelieren nicht. «Nur» zufriedene Kunden haben kein Bleibe-Potenzial. Solche Kunden sind schweigsame Kunden. Sie tadeln nicht, sie loben aber auch nicht. Und genauso still machen sie sich von dannen. Denn zufrieden heißt befriedigend. Das ist mittelmäßig, beliebig, ersetzlich. Mittelmaß ist austauschbar wie ein x-beliebiges Produkt im Regal. Es ist reine Zeitverschwendung, mittelmäßig zu sein. Wer heute noch Geld ausgibt, will Spitzenleistungen. Nur der Beste bekommt auch das Beste: treue Immer-wieder-Kunden und aktive Empfehler.

Das Beharren in Zufriedenheit macht behäbig und bequem. Die emotionale Spannung ist niedrig, mangelnde Identifikation und Gleichgültigkeit machen sich breit. Unternehmen, die «nur» auf die Zufriedenheit ihrer Kunden aus sind, setzen sich eher halbherzig für deren Interessen ein, zeigen wenig Initiative beim Erfüllen von Sonderwünschen und wenig Kreativität beim Lösen von Problemen. Diese Egal-Mentalität führt zu Desinteresse, zu Nachlässigkeiten und mangelnder Sorgfalt – und schließlich zum Kundenverlust.

Auch Repräsentativität ist im Loyalitätsmarketing wenig sinnvoll. Man würde nur nette Durchschnittswerte erhalten. Einen «repräsentativen Querschnitt der Bevölkerung» kann man aber nicht loyalisieren. Sondern nur einzelne Menschen. Und zwar jeden auf seine Weise. Deshalb können wir den Durchschnitt vergessen. Konzentrieren wir uns lieber auf die Ausreißer. Gerade von denen erfährt man die nützlichsten Dinge: was klasse funktioniert und welche Problemfelder dringend zu bearbeiten sind. Befragen Sie dazu insbesondere hochloyale Kunden, profitable Kunden, aktive Empfehler, frustrierte Reklamierer, wütende Abwanderer. Und befragen Sie Nichtkunden. Auch von diesen kann man eine Menge lernen. Tun Sie all das kontinuierlich und stellen Sie die Ergebnisse Ihren Mitarbeitern unverzüglich zur Verfügung, damit auf die Hinweise der Kunden auch zeitnah reagiert werden kann.

Apropos zeitnah: Das ist das nächste Manko klassischer Kundenbefragungen. Bis die Ergebnisse gesammelt, sondiert, aufbereitet, der Geschäftsleitung präsentiert und schließlich über das mittlere Management mehr oder weniger gefiltert an die kundennahen Mitarbeiter weitergereicht werden, vergehen oft Wochen und Monate. Doch Kunden warten schon lange nicht mehr geduldig, bis die Unternehmen endlich in die Pötte kommen. Sie ziehen dann einfach weiter.

Klassische Kundenzufriedenheitsstudien: ein Auslaufmodell

Klassische Kundenbefragungen sind höchstens nützlich, um Vergleiche im Zeitverlauf oder zwischen verschiedenen Einheiten anstellen zu können. Dabei geht der Blick jedoch immer in die Vergangenheit: Kunden sollen uns per Kreuzchen sagen, wie sie uns zum Befragungszeitpunkt fanden. Aber was heißt das schon, wenn die Gesamtzufriedenheit von 2,9 auf 2,7 gestiegen ist – oder von 2,3 auf 3,4 sank? Gründe dafür können allenfalls in die Ergebnisse hineininterpretiert werden.

Dabei gehen die Interpretierer gerne vom eigenen Standpunkt aus, zeigen mit dem Finger auf andere oder zweifeln auch schon mal die Erhebungsmethode an. Und schlimmer noch: Während Budgetabweichungen, Umsätze und Ertrag in jedem Meeting Thema sind, werden klassische Kundenbefragungen meist nur einmal jährlich durchgeführt und stehen demzufolge auch nur einmal jährlich auf der Agenda. Wodurch mal wieder offensichtlich wird: Kundenbeziehungen sind Kellerkinder. Wer nur einmal im Jahr auf die Kundenzufriedenheit schaut, kann auch nur einmal im Jahr justieren. Täte man dies wöchentlich, hätte man schon 52-mal per anno die Möglichkeit dazu.

Nicht zu simplen Kreuzchenmachern sollten Unternehmen ihre Kunden degradieren, sondern sie vielmehr zu aktiven Mitrednern und Mitgestaltern machen. Wenn Menschen ihre eigenen Worte wählen, anstatt nur Vorgekautes abzuhaken, kommt viel Wertvolleres dabei heraus. Deshalb möchte ich aus dem Repertoire der kundenbezogenen quantitativen und qualitativen Marktforschung hier fünf eher unkomplizierte Methoden vorstellen, die im Loyalitätsmarketing zielführend sind:

- die Gewissenskarte,
- die Critical Incident Technique (CIT),
- fokussierende Fragen,

- Kunden beobachten,
- Kunden involvieren.

Schauen wir, was bei diesen Methoden Gutes dahinter steckt.

Die Gewissenskarte

Wer eine schriftliche Kundenbefragung machen möchte, dem empfehle ich die Gewissenskarte. Diese haben wir in den Ibis-Hotels eingesetzt, als ich noch Marketingdirektorin bei Accor war. Die Karte trug folgende Überschrift: «Nehmen Sie an, Sie wären unser Gewissen, was würden Sie uns sagen?» Darunter kam die Zeichnung einer Person mit einem Engelchen und einem Teufelchen auf der Schulter. Und dann gab es viel Platz zum Schreiben. Die Gäste füllten die Karte gerne aus. Wir erhielten eine Fülle konstruktiver Kommentare, die sofortige Korrekturen ermöglichten. Oft gab es Lob für einen namentlich genannten Mitarbeiter. Das erste, was die Zimmermädchen am Ende ihrer Arbeit ablieferten, waren die Karten. Die Mitarbeiter waren ganz heiß darauf. Daraus folgt unter anderem: Holen Sie sich von Ihren Kunden Lob ab, so oft es geht. Das ist der Balsam für das tägliche «Wollen» Ihres Teams.

Die Gewissenskarte kann punktuell oder über längere Zeiträume eingesetzt werden. Für den Fall, dass Sie ausgewählte Aspekte tiefer beleuchten und dazu Antworten von Kunden einholen wollen, können folgende Fragen, die den Weg in die Zukunft zeigen, besonders hilfreich sein:

- Wo haben Sie früher gekauft und weshalb sind Sie dort weggegangen?
- Wie sind Sie auf uns aufmerksam geworden?
- Wo kaufen Sie die gleiche Leistung außerdem?
- Was würden Sie bei uns schnellstens verändern/verbessern?
- Worauf möchten Sie bei uns am wenigsten verzichten?
- Welche Leistung, *für die Sie bereit wären, zu zahlen,* sollten wir unbedingt noch anbieten?

- Werden Sie unsere Leistung wieder kaufen? Warum bzw. warum nicht?
- Können Sie sich vorstellen, uns weiterzuempfehlen? Und warum bzw. warum nicht?

Hierzu gleich noch ein Hinweis: Jeder hat sicher schon mal einen ausgefüllten Kundenfragebogen abgegeben oder Verbesserungsvorschläge eingereicht. Und was haben wir dann erlebt? In der Regel gar nichts. Wir haben uns richtig Mühe gegeben und unsere wertvolle Zeit geopfert, doch das war dem Unternehmen nicht mal ein Feedback wert. Es hat genommen, ohne etwas zurückzugeben. Wie man es also besser machen kann:

- Bedanken Sie sich bei den Kunden, die Ihnen positive Bewertungen gegeben haben, schriftlich oder besser noch telefonisch.
- Überraschen Sie die Kunden, die einen Verbesserungsvorschlag gemacht haben, mit einem kleinen Geschenk, und sagen Sie ihnen, was aus ihrer Idee geworden ist.
- Fassen Sie bei denen, die sich als Kritiker zu erkennen gaben, nach. Entschuldigen Sie sich und schaffen Sie etwaig immer noch bestehende Probleme nun endlich aus der Welt. Kunden erwarten so etwas, und wenn es nicht kommt, sind sie doppelt enttäuscht.

Übrigens: Wenn Sie Befragungsergebnisse optisch sichtbar machen, denken Sie sich unverfängliche Begriffe aus. Kürzlich sah ich eine Vierfelder-Matrix, da hießen die Kunden so: Söldner, Terroristen, Geiseln, Apostel. Die Agentur, die dafür verantwortlich war, fand das wahrscheinlich unglaublich kreativ – und hat nicht weiter über die Auswirkungen nachgedacht. «Da ist schon wieder so ein Terrorist», könnte mancher Mitarbeiter geneigt sein zu denken, wenn ein «schwieriger» Kunde zur Tür hereinkommt oder am Telefon ist. Dementsprechend wird er dann auch behandelt. Und womöglich ist er genau deshalb so «schwierig». Denn Sprache prägt nicht nur Denke, sondern auch Verhalten.

Die Critical Incident Technique (CIT)

Klassische Kundenbefragungen bleiben meist an der Oberfläche. Auf ihre mehr oder weniger sorgfältig ausformulierten Fragen erhalten die Interviewer Antworten, die logisch klingen und opportun erscheinen oder die den Befragten vor sich selbst und anderen in ein gutes Licht rücken sollen. Dies passiert in aller Regel nicht absichtlich. Die Ursache liegt vielmehr darin, dass der Zugang zum Unbewussten fehlt. Wir machen uns selbst etwas vor. Psychologen nennen das Wahrnehmungsgefängnis.

So stecken hinter den meist rational vorgetragenen sachlichen und fachlichen Anlässen für Unzufriedenheit und Frustration oft ganz andere Gründe. Viele beenden, wie wir schon hörten, eine Geschäftsbeziehung in Wahrheit aufgrund zwischenmenschlichen Fehlverhaltens,

- weil man sich um ihr Wohlbefinden nicht gekümmert hat;
- weil man unfreundlich oder unhöflich zu ihnen war;
- weil sie keine Aufmerksamkeit bekommen haben;
- weil sie nie ein Danke gehört haben;
- weil nie gesagt wurde, wie wichtig man als Kunde ist;
- weil sie einfach vergessen wurden.

Die «Methode der kritischen Ereignisse» versucht, im Rahmen einer tiefer gehenden Analyse den genauen Hergang der Geschehnisse zu identifizieren, die einen Kunden zum Beispiel zum Abwandern brachten. Dies geschieht in zwei Schritten. Im ersten Schritt wird der Befragte gebeten, sich genau an das ausschlaggebende Ereignis zu erinnern und dieses möglichst in allen Einzelheiten zu beschreiben. Im zweiten Schritt wird versucht, mit Zusatzfragen wie «Was passierte an der Stelle ganz genau?» – «Wie kam es zu dieser Situation?» – «Wer machte was?» – «Wie ging es dann weiter?» – «Wie fühlten Sie sich dabei?» – «Wie haben Sie schließlich reagiert?» tiefer ins Detail zu dringen. Das kann sich in etwa wie folgt entwickeln:

Frage: Wie lange waren Sie schon Kunde bei Versicherung X?
Antwort: Zehn Jahre.
Frage: Was veranlasste Sie denn, Ihren Vertrag zu kündigen?
Antwort: Die Versicherung Y hat bessere Tarife.
Frage: Waren die Tarife von Versicherung Y schon immer niedriger oder sanken sie erst in letzter Zeit?
Antwort: Ich weiß es nicht, ich habe es erst kürzlich bemerkt.
Frage: Was führte dazu, dass Sie es bemerkten?
Antwort: Ich war ein wenig verärgert über Versicherung X und erhielt dann einen Anruf von Versicherung Y.
Frage: Weshalb waren Sie denn verärgert?
Antwort: Um ehrlich zu sein, es war wegen dieser Tariferhöhung nach meinem Unfall.
Frage: War das früher auch schon mal passiert?
Antwort: Ja, schon zweimal sogar.
Frage: Und da haben Sie nicht gekündigt, weil es anderswo billiger war?
Antwort: Nein.
Frage: Was war denn diesmal anders?
Antwort: Dieses Mal hatte man mich nach der Schadensregulierung nicht vorgewarnt, und so hatte ich gar nicht mehr damit gerechnet.

Wie sich später herausstellte, war aus Kostengründen der sogenannte Schadensabschlussbericht an die Kunden, die einen Unfall gehabt hatten, eingestellt worden, ohne sich groß Gedanken darüber zu machen, was das bei den Kunden bewirkt. Die typische Controller-Frage «Wie viel sparen wir, wenn wir ...?» muss daher zukünftig lauten: «Wie viele Kunden und damit Euro verlieren wir, wenn wir ...?» Dies gilt insbesondere dann, wenn etwa, bedingt durch Vertragsende, Konditionen-Anpassungen usw., verstärkt mit Kündigungen zu rechnen ist. Gerade der Versand von Rechnungen bzw. Mahnungen ist ein ausgesprochen kritischer Moment. Vor allem dann, wenn es außer Auftrag und Rechnung keinerlei Kontakt mit dem Kunden gibt – was in manchen Fällen eher die Regel als die Ausnahme ist.

Der Interviewer benötigt für CIT-Gespräche eine hohe emotionale Kompetenz. Er sollte einfühlend fragen und aufmerksam hinhören können. Er muss den Kunden ernst nehmen und ihm Wertschätzung entgegenbringen. Er muss geduldig sein, denn das Gespräch kann dauern. Und er muss dem Kunden signalisieren, wie wichtig die Sache für das Unternehmen und dessen Weiterentwicklung ist.

Bei der Dokumentation der Ergebnisse ist darauf zu achten, dass die Äußerungen der Befragten wortgetreu wiedergegeben werden. Auch die zutage getretenen Emotionen sollten festgehalten werden. All dies wird gesammelt, gesichtet und gewichtet. So entsteht eine nach Prioritäten geordnete Liste von sachlichen, fachlichen und interpersonellen Mängeln, die es zu beheben gilt. Neben Häufigkeiten und Zusammenhängen sollen auch einzelne Episoden im Detail eingefangen werden, um sie für Aha-Effekte zu nutzen. Und dran denken: Ein paar per Video abgespielte O-Töne von aufgebrachten Kunden bewirken oft mehr als ein dicker Berichtband voll von Zahlenkolonnen und Kuchendiagrammen.

Fokussierende Fragen stellen

Um herauszufinden, was Menschen wirklich bewegt, sind die von mir propagierten fokussierenden Fragen besonders hilfreich. Sie bringen mit einer einzigen Frage die Sache auf den Punkt. So kommt man den wahren Beweggründen des Gesprächspartners am ehesten näher – ohne ihm dabei zu nahe zu treten. Fokussierende Fragen passen vor allem dann, wenn wenig Zeit für ein ausführliches Gespräch ist – und wer hat heute noch Zeit? Sie eignen sich insbesondere für persönliche oder telefonische Gespräche, können aber auch online oder schriftlich gestellt werden. Im Neukunden-Gespräch hören sie sich beispielsweise so an:

- Was ist in Ihrer Branche eigentlich das *brennendste* Problem?
- Worauf legen Sie bei der Lieferantenauswahl den *größten* Wert?
- Was ist für Sie denn das *vorrangigste* Entscheidungskriterium?

Bei Bestandskunden klingen sie – eingeleitet mit «Ach übrigens ...» – so:

- Was ist es, das Sie bei uns am *meisten* begeistert?
- Was ist für Sie der *wichtigste* Grund, uns die Treue zu halten?
- Wenn es etwas gibt, das Sie bei uns je gestört hat, was war da das *Störendste* für Sie?
- Was wäre *das Wichtigste* für Sie, das wir *schnellstmöglich* ändern/verbessern sollten?
- Wenn es eine Sache gibt, für die Sie uns *garantiert* weiterempfehlen könnten, was wäre da das *Empfehlenswerteste* für Sie?
- Und wenn es *eine* Sache gibt, für die Sie uns ganz sicher nicht weiterempfehlen können, was ist das für Sie?

Fokussiert fragen heißt: Konzentration auf das für den Kunden Wichtigste – statt Verzettelung auf Nebenschauplätzen. Jedem Kunden stellen Sie am besten nur eine Frage – oder höchstens zwei. So entdecken Sie vielleicht das alles entscheidende, loyalisierende Detail, das dem Wettbewerber verborgen blieb. Und Sie werden schnell. Denn treffsicher lässt sich der konkrete Handlungsbedarf an den erfolgskritischsten Stellen erkennen, um dann sofort reagieren zu können. So löst man nicht nur die Probleme einzelner, sondern wappnet sich gegen die Unzufriedenheit vieler Kunden. Das Ergebnis: Loyalität wird gestärkt und Kundenschwund wird vorgebeugt. Man spart sich eine Menge Kosten für die langwierige klassische Marktforschung und vermeidet Fehlentscheidungen am grünen Tisch.

> Mein besonderer Tipp: Lassen Sie die Führungsmannschaft solche Aktionen machen. Wenn die großen Chefs anrufen, zeigt dies eine ganz besondere Wertschätzung – und der Lerngewinn ist gewaltig. Auf diese Weise kann es sogar gelingen, dass bereits absprungwillige Kunden gerettet werden. Und wenn man nur Gutes hört? Das ist doch wunderbar! Nichts ist besser für die Loyalität, als wenn sich Kunden selbst ein Unternehmen loben hören.

Fokussierende Fragen eignen sich insbesondere auch dann, wenn man Leistungsbestandteile gegeneinander testen will, um zu sehen, wie hoch ihr Einfluss auf die insgesamte «Zufriedenheit» mit der Geschäftsbeziehung ist. In klassischen Fragenbögen sollen dazu einzelne Aspekte durch Ankreuzen von Kästchen wie exzellent, gut, befriedigend, wichtig, weniger wichtig usw. bewertet und gewichtet werden. Das Problem hierbei: Die meisten Kunden finden fast alles mehr oder weniger wichtig und gut. Mithilfe fokussierender Fragen kann leicht zwischen «muss sein» und «völlig egal» unterschieden und auf diese Weise das für den Kunden wichtigste bzw. unwichtigste Merkmal herausgefiltert werden. In der Praxis geht das so:

Leistungsmerkmal	am wichtigsten	am unwichtigsten
Merkmal 1		
Merkmal 2		
Merkmal 3		
Merkmal 4		

Bei einer Methode namens MaxDiff (Maximum Difference Scaling), die von Jordan Louviere, Professor an der University of Technology in Sydney, entwickelt wurde, gibt es dabei mehrere Runden. Anstatt alle Merkmale auf einmal zu testen, stehen maximal vier Features auf einer Liste. Der Gewinner aus Runde eins tritt gegen andere Merkmale in weiteren Runden an. In Form einer Rangreihe werden am Ende die Kundenfavoriten sichtbar.

Hinschauen ist besser als hinhören

Besser als jedes Fragen ist das Beobachten des Kundenverhaltens. In gestellten Situationen reagieren und antworten die Menschen nicht wie im wahren Leben. Befragungen erzeugen, wie schon gesagt, sozial erwünschte oder verzerrte Antworten beim Kunden – und

Interpretationsverzerrungen auf Unternehmensseite. Darüber hinaus werden Zufriedenheitsabfragen von den damit beauftragten Instituten nicht selten verkompliziert, es werden zu viele Fragen gestellt, und die aufbereiteten Analyse-Ergebnisse können oft nur noch von einer akademischen Elite verstanden werden. Sind zudem die Resultate an Gratifikationen geknüpft, ist der Manipulation Tür und Tor geöffnet. So sind beispielsweise Automobilhändler zu Preiszugeständnissen bereit, wenn Kunden im Gegenzug eine gute Bewertung abgeben. Für Top-Bewertungen zahlen Hersteller nämlich einen Bonus.

All das passiert beim Beobachten nicht. Software-Hersteller und Internet-Anbieter haben schon längst damit begonnen, ihren Kunden über die Schulter zu schauen, wenn sie am Computer hantieren. Markenartikel-Riesen halten via fest installierter Video-Kamera das Koch-, Ess- und Putzverhalten in Haushalten fest. Audi-Manager verbringen, wenn neue Märkte erschlossen werden, eine Zeit in ausgewählten Kundenfamilien, um deren Alltag hautnah mitzuerleben. So kommt man zu Erkenntnissen, die in kontrollierten Testsituationen nie möglich wären.

Bei Bizerba, einem Hersteller von Wägetechnik, gehen die Ingenieure bei der Erstinstallation mit zum Kunden. Dabei lernen sie, wie der Bediener mit dem Gerät umgeht und welche Schwierigkeiten auftreten. Auf diese Weise erkannte man, wie wichtig Piktogramme sind, wenn beispielsweise Aushilfskräfte im Einzelhandel mit den Kassensystemen arbeiten.

Von Howard Schultz, dem Starbucks-Gründer, wird erzählt, dass er bei einer Reise durch Italien auf seine Geschäftsidee kam. Er beobachtete nämlich, wie sehr guter Kaffee dort zum täglichen Leben der Menschen gehört. So entwickelte er sein Konzept des «dritten Ortes», an dem die Leute sich zwischen Wohnung und Arbeit treffen und aufhalten können.

Eine Gruppe aus Marketern, Ingenieuren und Designern der Healthcare-Sektion von General Electric (GE) ging mit Kameras in die Operationssäle, um die Zusammenarbeit zwischen Anästhesisten, Chirurgen und OP-Schwestern besser verstehen zu lernen. So wurden Probleme und Ärgernisse aufgedeckt, die schon niemandem mehr auffielen, weil man sich daran gewöhnt und sie in seine Routinen integriert hatte. Aus diesen Beobachtungen heraus wurden schließlich optimierte Lösungen eingeführt.

In den Sirvaluse-Testlabors werden technische Geräte aller Art auf ihre Bedienerfreundlichkeit untersucht. Hinter einer verspiegelten Glasscheibe beobachten beispielsweise Handy-Entwickler, wie sich nach dem Zufallsprinzip ausgewählte Probanden vergeblich mit ihren fabrikneuen Geräten abmühen. «Wenn da acht von zehn Testkunden nicht einmal den Einschaltknopf finden, beißen die Ingenieure schon mal zerknirscht in die Tischplatte», sagt Geschäftsführer Tim Bosenick. «Die haben sich jahrelang mit ihren Geräten beschäftigt und können anfangs kaum fassen, dass normale Menschen sie nicht kapieren.» Ein Segen, wenn solche Beobachtungen noch rechtzeitig vor der Markteinführung gemacht werden.

Ein weiteres Beispiel stammt aus dem Buch «Was Marken erfolgreich macht» von Dirk Held und Christian Scheier. Dort wird vom Kimberly-Clark-Konzern berichtet, der Absatzprobleme mit einer Windelmarke hatte. Das übliche Befragen erbrachte keine klaren Antworten, und so entschied man sich für eine anthropologische Analyse. Hierzu trugen die Probanden eine spezielle Brille, in die eine Kamera integriert war. So konnte man die Welt durch die Brille des Kunden betrachten – im wahrsten Sinne des Wortes. Schon bald zeigte sich die wahre Ursache des Problems. Die Frauen wickelten ihre Babys nämlich nicht, wie sie erklärt hatten, auf dem Wickeltisch, sondern an allen möglichen und unmöglichen Orten. Die benötigten Windelpackungen und Behälter waren in solchen Situationen schwer zu öffnen. Aufgrund dieser Beobachtung wurde Verpackungsmaterial entwickelt, das sich mit einer Hand öffnen ließ – und dieses war dann ein voller Erfolg. In einem anderen Fall wurde beobachtet, dass sich Babys nicht mehr wickeln lassen wollen, wenn sie größer werden. So kamen Windeln auf den Markt, die man im Stehen wechseln kann.

Bei all diesen Beispielen wird klar: Beobachtungen kreisen immer um die eine Frage: Welche Rolle spielen unsere Produkte und Services im Leben unserer Kunden? Und wie können wir dazu beitragen, dass ihr Leben angenehmer respektive erfolgreicher wird? So entsteht dann Loyalität.

Kunden involvieren

An Verbesserungsprozessen im Unternehmen kann und sollte der Kunde aktiv mitwirken und so zum Ideengeber bzw. Innovationstreiber werden. Im Kreis der Kunden sitzt das bislang am wenigsten genutzte Potenzial. Wer seine Kunden aktiv einbindet, erhält automatisch bessere Lösungen. «Mit den Kunden zusammen etwas zu entwickeln bedeutet, das am besten qualifizierte Reservoir an intellektuellem Kapital anzuzapfen, das es jemals gegeben hat, lauter Talente, die mit dem gleichen Eifer und der gleichen Begeisterung ein großartiges Produkt oder eine großartige Dienstleistung herstellen wollen wie Sie», sagt Don Tapscott in «Wikinomics».

Das Kunden-Involvieren ist in zahlreichen Varianten möglich: Feedback-Karten, die man Lieferungen beilegt, Befragungen und Tests, Umfragen und Abstimmungen, User-Ratings, Prognose-Börsen, Diskussionsforen im Internet, Ideen-Camps und Innovations-Workshops in der realen Welt, Kundenbeiräte und Focus-Groups, Corporate Blogs, Firmen-Wikis und so weiter und so fort. Jedes Unternehmen, egal ob groß oder klein, kann auf seine Weise Ansatzpunkte finden, um Kunden mitentscheiden zu lassen, wie Produkte und Leistungen kundenspezifisch weiterentwickelt werden können, sollen und müssen.

Ein Bäcker hat seine diesbezüglichen Aktivitäten «Kundentreff» genannt. Im Verkaufsraum hatte er einen Aushang gemacht und je nach geplantem Thema passende Kunden zum Mitmachen eingeladen. So traf man sich einmal im Monat bei Kaffee und Kuchen zum Austausch. Dabei konnten neue Ideen eingebracht und neue Produkte verkostet werden.

Ihren Kunden ist so was zu viel? Okay, manche stecken in den

Pantoffeln ihrer Bequemlichkeit. Doch selbst im Fernsehsessel werden sie noch zu eifrigen Mitmachern: Bei Formaten wie «Wetten dass…?» oder «Deutschland sucht den Superstar» entscheiden sie fleißig mit, wer das Rennen machen soll. Zeitungen berichten, dass die Zahl der Leserbriefe steigt. Über eine Sommeraktion des Wirtschaftsmagazins «Brand Eins», bei der jeder Abonnent ein weiteres Magazin zum Verschenken erhalten hatte, erzählte die Chefredakteurin Gabriele Fischer Folgendes: Dies habe nicht nur eine ganze Reihe neuer Leser gebracht, sondern auch zahlreiche Rückmeldungen von Abonnenten, die genau erklärten, weshalb sie wem das Heft gegeben hatten.

Management by Sinatra («I did it my way») ist out. Unternehmen, denen es nicht gelingt, Kunden in ihre Geschäftsprozesse stärker einzubinden, werden zukünftig mit drastischen Umsatzeinbußen zu rechnen haben. 50 Prozent aller Innovationen sollen bei Procter & Gamble, so hat deren CEO Alan G. Lafley («The customer is boss») bereits vor Jahren verfügt, von außerhalb des Unternehmens kommen. Das Beratungsunternehmen A.T. Kearney hat errechnet, dass sich durch Nutzung der «Customer Energy» kostenseitige Optimierungen von fünf bis sieben Prozent auf jeder Wertschöpfungsstufe erzielen lassen. Und wichtiger noch: Analysen von Peppers & Rogers Consulting brachten zutage, dass bei involvierten Kunden die Chancen unter 50 Prozent liegen, dass diese abtrünnig werden. Kunden in Gestaltungsprozesse zu integrieren fördert definitiv die Loyalität.

Mitentscheiden können heißt: Wahlmöglichkeiten zu haben. Das gibt uns ein gutes Gefühl. Ohnmächtig anderen ausgeliefert zu sein oder uns zum Knecht machen zu lassen, das mögen wir nicht. So gibt es eine «schwarze», also ausnützende, und eine «weiße», also nützliche Variante des Outsourcing an den Kunden. Wer uns nämlich am Herzen liegt, für den tun wir was.

Sie haben Probleme, weil die Kunden Ihre Gebrauchsanweisungen nicht verstehen? Dann lassen Sie sie von ambitionierten Kunden schreiben! Wobei nicht vergessen werden darf, die Mitgestaltenden für ihre Arbeit zu belohnen. So kann man in US-amerikanischen Geschäften sogenannte Patzer-Punkte sammeln. Man weist die Unternehmen auf Missstände hin und erhält dafür Einkaufsgutscheine. Apple bietet ein komplettes iPhone Developer Program für Programmierer, das alle benötigten Ressourcen bis zum Vertrieb über den Apple Store bereitstellt. 70 Prozent des selbst zu bestimmenden Kaufpreises gehen dabei an die Entwickler der Apps.

Kunden-Involvement scheint sogar ein guter Weg zu sein, um Unternehmen aus der Krise zu holen. «Sanieren geht nur vom Kunden aus», sagt Karl-Heinz Streibich, Vorstandschef der Software AG, die 2002 ins Trudeln geriet. Als er ins Unternehmen kam, habe er zunächst eine ganze Reihe großer Kunden weltweit besucht und gefragt, wo es gut läuft und wo Optimierungsbedarf besteht. Totale Kundenorientierung mit totaler Konsequenz nennt er das: «Neuen Kunden neue Lösungen zu verkaufen ist das schwerste, was Sie machen können. Bestandskunden neue Lösungen zu verkaufen, ist schon besser abzuschätzen. Was dabei gar nicht geht, ist die rein produktgetriebene Entwicklung. Es muss immer andersherum vom Kunden ausgehen.»

Da kann man nur sagen: Entwickler, Manager und Marketer: Raus zu den Kunden! Von Kunden könnt Ihr eine Menge lernen.

Zu der Zeit, als die Mädchen noch bauchfrei gingen und Jungen Baggy-Hosen trugen, wurde in einer Münchner Bank die Kleiderordnung diskutiert. Anstatt von oben herab Regeln zu erlassen, schickte man die Azubis zu einer Kundenbefragung in die Fußgängerzone. Die Kunden gaben ein klares Votum ab, wie sie sich das Äußere junger Bankmitarbeiter vorstellten. Praktisch: Die Chefs brauchten nun keine Gammel-T-Shirts, Piercings und nackten Bäuchlein mehr zu verbieten, das ergab sich ganz von selbst.

Die Kundenintegration sei für den Online-Versender Mymuesli, eine der gelungensten Firmenneugründungen der letzten Jahre, der ganz große Erfolgsfaktor gewesen, so Firmengründer und Vorstand Hubertus Bessau. «Über unseren Blog haben wir die Kunden in den Entstehungsprozess integriert. Sie haben mit ihren Anregungen und

Wünschen unser Startup mitgestaltet – und nicht nur ihr Müsli. Wir haben zum Beispiel technische Probleme im Blog kommuniziert und binnen einer halben Stunde 27 Lösungsvorschläge erhalten. Nebenbei entstand dadurch eine enge Beziehung zu unseren Kunden», so Bessau weiter.

Involvierte und hierdurch loyalisierte Kunden kämpfen für eine Sache und setzen sich ein. So hat, erzählt Marketing-Chef Jürgen Herrmann, Ritter Sport die Schokoladensorte Olympia wieder ins Programm aufgenommen, weil er von E-Mail-Anfragen geradezu bombardiert worden sei. Die Entscheidung löste Jubel in diversen Internet-Foren aus – und wurde mit Marketingpreisen geadelt.

Noch ein Beispiel? Während die vom Berliner Senat einberufene Expertengruppe noch nach einem neuen werbewirksamen Slogan für die Hauptstadt suchte, hatte die Berliner Morgenpost ihre Leser aufgerufen, Vorschläge einzusenden. Aufgabe des Slogans sollte es sein, im Verbund mit einer Werbekampagne für eine bessere Außendarstellung Berlins zu sorgen, um das Image im In- und Ausland aufzupolieren und verstärkt Investoren und Touristen an die Spree zu locken. Knapp 1000 Vorschläge erreichten die Redaktion. Aus allen wurden 50 ausgewählt und diese einer hochkarätigen Experten-Jury vorgelegt. Aus den Bewertungen entstand eine Top-10-Liste, die den Lesern zur telefonischen Abstimmung vorgelegt wurde. Der Siegerslogan: «Die ganze Welt in einer Stadt: Berlin.»

Wenn aber nun gerade keine Kunden zur Hand sind, die helfen können? Beim Fertighaushersteller Town & Country sitzt symbolisch eine Kundin mit am Besprechungstisch: eine lebensgroße Puppe namens Uschi. Und immer, wenn Entscheidungen zu treffen sind, wird gefragt, was Uschi als Kundin dazu sagen würde. Als Kundin? Ja, Frauen sind beim Hauskauf die wahren Entscheider. Böse Zungen behaupten, Männer dürften höchstens noch über die Farbe der Kabel entscheiden, die unter Putz verlegt werden.

Apropos Entscheidung: Leistungsmerkmale können in vielen Fällen von ausgewählten Kunden bewertet werden. Die entsprechende Frage lautet: «Wie empfinden Sie es als Kunde, dass unser Produkt... (hier Merkmal bzw. Eigenschaft einsetzen) ... hat?» Oder: «Wie empfänden Sie es als Kunde, wenn unser Produkt ... (hier Merkmal bzw. Eigenschaft einsetzen) ... nicht hätte?» Dies lässt sich auf einer Skala von 0 bis 10 wie folgt darstellen und grafisch aufbereiten:

- 9–10: Das wäre einzigartig.
- 7–9: Das würde mich (sehr) begeistern.
- 4–7: Das würde ich als selbstverständlich erwarten.
- 2–4: Das wäre mir egal.
- 0–2: Das würde mich (sehr) stören.

Zu beachten ist, dass sich anschließend was tut. Wenn Kunden für Sie aktiv werden, dann wollen sie auch sehen, dass sie etwas bewirken. Eine entsprechende Information an die Befragten kommt immer gut an.

Das Kundeninvolvieren lässt sich übrigens auch wunderbar ins Internet transportieren. In Meinungsforen lassen sich Befragungen kostengünstig und schnell durchführen. Die eigene Webseite kann Interessenten und Kunden einladen, ihre Erfahrungen, Wünsche und Ideen einzubringen. Online oder Mobile (über Handy) können per Voting (Abstimmung) oder Ranking (Priorisierung) Vorlieben abgefragt und Entscheidungen vorbereitet werden. Wichtig dabei: wenige Fragen stellen, am besten nur eine! So werden Kunden zu perfekten Helfern auf dem Weg zur Loyalitätsführerschaft.

3. Die Praxis: Toolbox für mehr Kundentreue

Schier unerschöpflich sind die Möglichkeiten, die in Frage kommen, um die Loyalität seiner Wunschkunden zu schüren. In den zurückliegenden Kapiteln haben Sie dazu bereits eine Vielzahl von Hinweisen, Anregungen, Checklisten und Beispielen erhalten. In diesem Teil wollen wir uns nun noch mit zwei ganz wesentlichen Komplexen beschäftigen, durch die Sie die Loyalität Ihrer Kunden sicher gewinnen und erhalten können:

- die loyalisierende Vertriebskultur und
- das Customer Touchpoint Management.

Dabei legt eine loyalisierende Vertriebskultur die Basis – und das Kundenkontaktpunkt-Management ist Ihr Werkzeugkasten.

Die loyalisierende Vertriebskultur

Nichts gelernt! Es wäre das Schlimmste, wenn sich Unternehmenslenker heutzutage solches sagen lassen müssten. Also Schluss mit den falschen Sonntagsreden. Schluss mit den Mogelpackungen. Und Schluss mit dem Versteckenspielen. An der Nase herumführen und für blöd verkaufen lässt sich niemand gern. Mittlerweile wird Enttarnung zum Business – und niemand ist sicher davor.

Produktversprechen und Unternehmensglaubwürdigkeit werden ständig überprüft. Also wäre es gut, sich vom selbstzentrierten Wir (= wir, das Unternehmen) zu lösen und zu einem partnerschaftlichen Miteinander-Wir zu finden. Unternehmen sind ja kein Selbstzweck, sie sind keine Profit-Maximierungsmaschinen, und sie sind auch keine Abenteuerspielplätze für Profilneurotiker. Sie sind vielmehr für die Kunden da. Schauen wir, was sich anhand einiger ausgewählter Punkte machen lässt.

Der Kunde in Leitbild und Unternehmen

Neue Zeiten brauchen neue Leitbilder. Wer dauerhaft treue Kunden und schließlich die Loyalitätsführerschaft will, dem sei angeraten, dringend sein altes Leitbild, sein Mission Statement, den Wertekanon und alles, was dazugehört, auf den Prüfstand zu stellen. Warum das? Eine Untersuchung, die ich in Zusammenhang mit der Excellence-Barometer-Studie 2008 habe durchführen lassen, zeigt: Nur in einem von drei Unternehmen steht etwas zum Thema Kunde im ersten Leitbild-Satz. Wenn überhaupt, dann wird vor allem die Kundenzufriedenheit angesprochen. Um eine langfristige Ausrichtung auf Kundenloyalität ging es in nur sechs von 126 näher untersuchten Leitbildern. Das immer stärker in den Vordergrund rückende Potenzial des Kunden als Empfehler wurde von keinem einzigen Befragten erwähnt. Die oft phrasenhaft klingenden Formulierungen beginnen vielfach so: Wir sind Anbieter von … Oder: Wir sind Marktführer in … Mal ehrlich: Das klingt reichlich selbstverliebt.

Schon eine kleine Änderung kann Großes bewirken. Anstatt «Wir bieten den Menschen, die … (hier ist der Unternehmenszweck bzw. die Problemlösung einzusetzen), den höchstmöglichen Nutzen», sagen Sie nun: «Den Menschen, die …, bieten wir den höchstmöglichen Nutzen.» Nur ein Wortdreher? Es macht einen Riesenunterschied in Denken und Handeln, ob das Unternehmen selbst oder der Kundenkreis an erster Stelle steht. Probieren Sie es aus!

Es gibt noch bessere Beispiele. Bei der im Fahrzeugbau tätigen Sonntag GmbH aus Lennestadt lautet der Leitsatz so: «Für den Erfolg unserer Kunden.» Bei Intuit, einem Hersteller von Finanzsoftware, heißt es: «Der Kunde soll sich mit unseren Produkten so wohl fühlen, dass er fünf Freunden sagt, sie sollten es ebenfalls kaufen.» Das tönt sicher nicht so glattgebürstet wie die von Werbeagenturen aufgehübschten Mission Statements anderer Unternehmen, und das ist auch gut so. Denn mit gekünstelter Leitbild-Prosa kann niemand etwas anfangen. Bei dem schlicht formulierten Intuit-Satz hingegen versteht jeder, was zu tun ist und wohin die Reise geht. Es reicht nämlich nicht, ein visionäres Ziel zu haben, man muss es auch erstrebenswert finden. Erst dann kommen die Mitarbeiter ins «Wollen».

Und wie schaut nun Ihr Text aus? Überkommene Wir-Leitbilder müssen neu gedacht und neu erarbeitet werden. Und zwar mit Hilfe der Mitarbeiter und – das ist neu – mit Hilfe der Kunden. Mit Hilfe der Kunden? Ja, natürlich! Wenn Kunden-Involvement für die unternehmerische Zukunft unumgänglich ist, dann sollten auch die Kunden zu Inhalt und Ausrichtung des Leitbildes Stellung beziehen! Trotz einiger Recherchen habe ich allerdings bislang kein einziges Beispiel dafür gefunden. Kennen Sie eins?

Wenn es sich aus welchen Gründen auch immer verbietet, den Kunden in diesen Prozess einzubeziehen, dann sollte er wenigstens ein virtueller Teilnehmer sein. So stehen nach jedem Zwischenschritt folgende Fragen im Raum: «Stellen Sie sich vor, Sie wären der Kunde! Was würde Ihnen auf der Seele brennen? Welche kritischen Anmerkungen hätten Sie? Und welche Anregungen? Was müsste weg? Und was sollte zwingend ergänzt werden? Wie könnten wir es so machen, dass es die Kunden lieben? Und wie könnte es gehen, das alle im Markt drüber reden?»

Anstatt die eigene Herrlichkeit zu feiern oder sich aufs Marktführer-Podest zu wünschen, sollten Unternehmen es als ihre Mission ansehen, ihren Kunden (und deren Kunden) zu helfen, noch erfolgreicher zu sein. Und gleichzeitig könnten sie dazu beitragen, die Welt ein kleines bisschen besser zu machen. Eine ganze Reihe von Unternehmen tut dies ja auch schon. Whole Food Market zum Beispiel. Der Claim dieser glänzend dastehenden US-amerikanischen Bio-Supermarktkette lautet: «Change the way America eats.» Wer schon einmal in den Staaten war, der weiß, was es bedeutet, die Essgewohnheiten eines ganzen Landes verändern zu wollen. Nicht mit der Zerstörung der Umwelt, sondern mit dem nachhaltigen Schutz der Natur zum Wohle der Menschen wird hier Big Business gemacht.

Ist Ihr Leitbild geprüft und der Blick geschärft, ist ein Spaziergang durch die Firma angesagt. So sind gerade die öffentlichen Bereiche produzierender Unternehmen meist ein reines Selbstverherrlichungsprogramm: Maschinenteile, Miniaturen von Fertigungsanlagen, Luftbildaufnahmen, Gründerportraits, eine mit den Niederlassungen befahnte Weltkarte, Urkunden und Pokale. Die Kunden sucht man dort vergebens. Es geht aber auch anders. So schickte der Markenartikelhersteller Procter & Gamble Fotografen los, um abzulichten, wie die Kunden die einzelnen Produkte benutzen. Diese wurden dann in der Firmen-Cafeteria aufgehängt.

Apropos Cafeteria: Welche «lustigen» Sprüche über ätzende Kunden hängen eigentlich bei Ihnen an den Pinnwänden? Und was wird auf den Gängen, in der Kaffeeküche und in der Raucherecke über die Kunden erzählt? Gibt es da Nullchecker-Kunden? Reklamationszicken? Psychos am Telefon? Gerade im Innendienst ist der Frust oft groß, und so kommst es schnell mal zu derartigen Auswüchsen. Da kann ich nur raten: Achten Sie darauf, wie über Ihre Kunden gesprochen wird, denn Sie werden genau solche Kunden bekommen! Und Bestandskunden halten es in einem solchen Klima nicht lange aus. Sie werden schnell die Flucht ergreifen.

Der Vertrieb: selbstzentriert oder kundenverliebt?
Schauen wir nun beim Vertrieb vorbei! Agiert er egozentriert oder kundenverliebt? Wie stellt man sich beim Kunden vor? Bei den meisten Verkaufspräsentation geht das eine halbe Stunde lang so: Wir sind ... Wir haben ... Wir können ... Wir wollen ... Wir bieten ... ! Mit anderen Worten: Ich erzähle Ihnen jetzt mal, wie toll wir sind. Wir sehen zum Beispiel:

- eine detaillierte Übersicht mit den Firmenstandorten und Niederlassungen (= unser territoriales Eroberungsprogramm),
- die Firmengeschichte seit 1860 (= wir spielen eine historische Rolle),
- jede Menge Balken- oder Tortendiagramme mit Umsatzentwicklung, Vergleichen zum Markt usw. (= so groß und stark sind wir),

- die künstlich vom Fotografen als Ältestenrat aufgebaute oder in Denkerpose abgelichtete Führungsmannschaft (= so cool sind wir),
- die Kooperationspartner (= wir sind nicht allein),
- Großaufnahmen von Produkten, Maschinenteile und Bauelementen, Darstellungen von Prozessen und Verfahrensweisen, Auflistungen von Angeboten und Dienstleistungspaketen, kurz: das volle Programm,
- dann schließlich – wie schon gesagt – auf der letzten Seite: die bestehenden Kundenbeziehungen in Form eines Logofriedhofs.

Männchen im Tierreich markieren ihren Machtanspruch durch Imponiergehabe. Sie lassen die Muskeln spielen, sie plustern sich auf und zeigen sich von ihrer besten Seite. Bei klassischen Verkaufspräsentationen kommt mir das oft ganz genauso vor. Das Verrückte dabei: Die, die das über sich ergehen lassen müssen, langweilen sich fast zu Tode – aber bei den eigenen Kunden wird es genauso gemacht.

In schriftlichen Angeboten haben wir übrigens ein ähnliches Bild: Produktvorteile statt Lösungen, Buchstaben- und Zahlenwüsten, listenhafte Aufzählungen, lieblose Abkürzungen, Zwischensumme, Endsumme. Öde, langweilig, austauschbar. Keine Emotionen, keine Bilder, niemand weit und breit, der sagt, wie toll es ist, mit diesem Unternehmen zusammenzuarbeiten. Bei so einem Look entscheidet immer der Preis!

Aus der Werbeforschung wissen wir doch längst, was unser Hirn erfreut: Geschichten! Und: Bilder statt Texte und Zahlen, Bewegung statt Statik, Menschen statt lebloser Dinge, sympathische Gesichter – und dabei Augen und Mund zuerst. Aus solchen Erkenntnissen lässt sich etwas machen!

Die wichtigste Frage im Verkaufsgespräch heißt: «Erzählen Sie mal, was ist denn das brennendste Problem in Ihrer Branche / die große Herausforderung in Ihrem Unternehmen / Ihr größter Wunsch an uns / Ihr kühnster Traum …» Der Kunde und nicht das eigene Unternehmen ist der Held! Deshalb: Montieren Sie einmal das Gesicht des Kunden in Ihre nächste Präsentation. Der Erfolg wird wahrscheinlich ein durchschlagender sein. So war es jedenfalls bei Ikea. Das 2007er Katalog-Cover trug Fotos von Kunden. Dazu wurde das Original-Umschlagbild, eine Schrankwand mit Sitzgruppe, exakt nachgebaut und in 24 deutschen Städten auf Tour geschickt. Passanten konnten sich auf dem Sofa fotografieren lassen und ein paar Tage später den Katalog mit ihrem ganz persönlichen Cover in einem Ikea-Markt abholen.

Hinter jedem Produkt stecken Geschichten von begeisterten Anwendern und Nutzern. Das kann man in Präsentationen – und natürlich auch im Internet – zeigen: Arbeiter, die von der Funktionsweise einer Maschine begeistert sind. Die Bürger einer Stadt, die dem neuen Spielplatz Beifall spenden. Menschen, die Dank Ihrer Hilfe glücklich sind. Reden nicht Sie über sich, drehen Sie keine geschönten Werbefilme, lassen Sie vielmehr Ihre Kunden Referenz und Testimonial sein. Wenn einer Spitzenleister ist, dann ist es doch wohl am glaubwürdigsten, wenn dies nicht von den Unternehmen selbst behauptet, sondern von begeisterten Kunden bezeugt wird. Das lässt sich bebildern, als Video ins Internet laden, als Erfolgsstory der Presse erzählen. Dabei gilt es, nicht sich selbst, sondern die eigenen Kunden in Szene zu setzen. Statt der eigenen Leistungszahlen wäre zum Beispiel die wirtschaftliche Erfolgskurve der Kunden zu zeigen, die (schon lange) mit Ihren Produkten arbeiten. Und was löst das beim Gegenüber aus? Einen Das-will-ich-auch-haben-Reflex.

Die Stammkunden-Kultur: Lebensversicherung fürs Unternehmen

Schauen wir nun bei all denen vorbei, die für die Bestandskunden-Betreuung zuständig sind. Ihr Ziel könnte lauten: Jedes Mal, wenn ein Kunde anruft, wenn er zu uns kommt oder wir zu ihm gehen, selbst wenn der Anlass noch so klein ist, sehen wir das als Chance, zu diesem Kunden eine positive Beziehung aufzubauen, indem wir sein Anliegen auf eine solche Weise bearbeiten, dass er begeistert ist und allen Grund hat, wieder zu kommen bzw. wieder zu kaufen. Denn wir wissen: Treue Kunden sind ein wertvoller Schatz. Sie sind etwas Besonderes, und das sollen sie spüren.

Also: Ihre Stammkunden erhalten als Gegenwert für ihre Loyalität jede Menge Aufmerksamkeit, Anerkennung und Belohnungen. Und natürlich besondere Leistungen. Das ist wie purer Sauerstoff für die Beziehungspflege. Je nach Branche:

- Privilegien und Vorzugsbehandlung,
- einen VIP-Status,
- besondere Öffnungszeiten,
- eine eigene Hotline,
- eigene Ansprechpartner,
- Stammkunden-Garantien,
- Exklusiv-Angebote («Nur Sie als Stammkunde ...»),
- Up-Grades in eine bessere Kategorie,
- die besten verfügbaren Tarife,
- exklusive Rabattstaffeln oder Mengenrabatte,
- exklusive Service-Leistungen,
- exklusive Vorab-Informationen («Weil sie Stammkunde sind, möchten wir Sie schon vorab wissen lassen ...»),
- exklusive Gewinnspiele und Verlosungen,
- Geschenke oder Geschenkgutscheine für Kundentreue,
- Geschenkgutscheine oder Bonuspunkte für Weiterempfehlungen,
- Offerten für kostenlose Produkt-Tests vor Neueinführung,
- Nur-Stammkunden-Events oder exklusive Einladungen,
- individuelle Anrufe, Besuche (vom Chef persönlich),
- personifizierte Briefe statt Massenpost,
- Mehrwert-Nutzen (auch in Zusammenarbeit mit passenden, profilierten Partnern),
- einen eigenen Internet Bereich mit Premium-Service,
- VIP-Membership im Kundenclub
- ....
- ....
- ....

Natürlich muss dies für die Stammkunden nicht immer kostenlos sein. Wenn es das ist, dann sagen Sie das ganz ausdrücklich. Wie soll das Ihr Kunde sonst wissen? Wenn es sich um kostenpflichtige Zusatzangebote handelt, muss der Innendienst gut geschult sein, um diese erfolgreich zu verkaufen. Am Telefon lässt sich sowas wunderbar machen. Sie säuseln: «Ach übrigens: Für unsere guten Stammkunden – und nur für diese – haben wir diese Woche ein ganz besonderes Angebot…»

Insgesamt ist allerdings meine Erfahrung die, dass in der Bestandskunden-Betreuung viel zu sehr nur abgewickelt und nicht ausreichend nach Verkaufschancen gesucht wird. Schlafende Umsätze müssen geweckt werden. Die gute Nachricht: Das Mehr-, Zusätzlich- und Höherwertig-Verkaufen ist bei loyalen Kunden besonders leicht. Versuchen Sie es doch statt des üblichen «Wir hätten da noch…» einmal mit der Amazon-Methode, und die geht so: Kunden, die Produkt X gekauft haben, haben auch Produkt Y gekauft. Dies ist nur eine Möglichkeit von vielen. Suchen Sie zusammen mit Ihren Mitarbeitern nach weiteren Ideen, finden Sie passende Anlässe, gestalten Sie attraktive Angebote, führen Sie regelmäßige Aktionen durch! Wichtig dabei: Beteiligen Sie Ihre Mitarbeiter am Erfolg!

Und damit nicht das Gefühl entsteht, dass es immer nur ums Verkaufen geht, bekommen Stammkunden von Zeit zu Zeit ein pures Dankeschön. Das klingt dann zum Beispiel so: «Lieber Kunde, heute ist unser Danke-Tag. Deshalb wollen wir danke sagen dafür, dass Sie nun schon seit… unser Kunde sind. Unsere Freude darüber ist groß, und deshalb haben wir uns für Sie etwas einfallen lassen…». Oder: Sie richten eine Gratulationsabteilung ein. Oder: Sie rufen gleich heute Ihre drei wichtigsten Stammkunden an, bedanken sich für die angenehme Zusammenarbeit und sagen, dass Ihnen das sehr am Herzen liegt. Oder: Sie schreiben Ihren drei wichtigsten Lieferanten einen Brief. Darin sagen Sie, was so herausragend an deren Leistung ist und was dies für Ihren Geschäftserfolg bedeutet. Ähnliches tut übrigens Ihren Mitarbeitern ebenfalls ausgesprochen gut.

Die Effekte einer solchen Anerkennungskultur können sehr überraschend sein. Und: Ein Danke braucht kein Budget.

Neue Anreiz-Systeme sind gefragt

Führungskräfte müssen mit Sorgfalt überlegen, welches Verhalten sie belohnen. Mit falsch aufgesetzten Bonifikationen sind schon ganze Unternehmen ins Aus geraten. Gut gemachte Belohnungsmodelle hingegen können Werte schaffen, kundenfokussierte Prozesse unterstützen und schließlich die Loyalitätsführerschaft sichern. Gerade, wenn eine Prämie, eine Gehaltserhöhung oder eine Auszeichnung anstehen, ist es wichtig, die richtigen Signale zu setzen. Überlegen Sie gut, welche Zeichen Sie denen geben, die Ihnen dabei zuschauen. Sind es die Kundenversteher, die bei Ihnen nach «oben» gelangen? Oder die Bonusjäger, Menschenschinder und Karrieristen? Jede Beförderung bewegt die Mitarbeiter vom Kunden weg und zur Verwaltung hin. Und Anreize steuern Verhalten. Wer etwa für Kurzfrist-Erfolge bezahlt, bedient eine Nach-mir-die-Sintflut-Mentalität.

Wofür also belohnen Sie Ihre Leute?
- den Verkäufer für Kurzzeit-Eroberungen – oder für Stammkunden und Empfehler?
- den Marketingleiter für eigene Spuren – oder für Kontinuität im Aufbau der Marke?
- den Vorstand dafür, dass er Analysten bedient – oder Kunden hofiert?

Sie erinnern sich: Auch wenn die Motivation bei dem einen eher intrinsisch und bei dem anderen eher extrinsisch gesteuert sein mag, gilt eines als sicher: Menschen verstärken Verhalten für das sie Aufmerksamkeit, Anerkennung und Belohnungen erhalten. Gerade erst zeigte eine Studie von Neurologen der Universitäten Magdeburg und London, dass, wenn eine Belohnung in Aussicht gestellt wird, das menschliche Gehirn nicht 200, sondern nur noch 85 Millisekunden braucht, um etwa bei eintreffender Information den Unterschied zwischen «bekannt» oder «neu» festzustellen. Der Glücksbotenstoff Dopamin gilt als der Treiber dafür.

Je nach Persönlichkeitstyp (Einzelkämpfer oder Mannschaftsspieler), sozialem Umfeld oder Stellung im Unternehmen sind leistungs- und erfolgsorientierte Individual-Prämien oder aber Team-Incentivierungen wirkungsvoller. In beiden Fällen aber gilt: Schlecht durchdachte Anreiz-Systeme laden zu Betrug und Manipulation geradezu ein. Wer in die falschen Bonus-Programme gelockt wird, der fragt nicht länger: «Was muss ich tun, um meine Kunden glücklich zu machen?», sondern: «Was muss ich tun, um den Bonus zu bekommen?» Und dann werden dem Kunden nicht benötigte Waren aufgedrückt, es wird zu viel, zu wenig, zu früh oder zu spät verkauft. Geschäftsabschlüsse werden vorgezogen oder in die Folgeperiode verschoben, um endlich mal Erster im Ranking zu sein.

Bestandskunden werden mangels Prämierung oft nur spärlich betreut. In den Call-Centern, die nach Gesprächszahl pro Stunde bezahlen, werden anspruchsvolle Kunden einfach abgewimmelt oder wie heiße Kartoffeln weitergereicht. Im Einkauf wird minderwertige Qualität oder unpassende Ware bezogen, um Einsparungstantiemen zu ergattern. Oder dringend notwendige Investitionen werden auf die lange Bank geschoben, um Budgetvorgaben zu erreichen. Turbo-Manager fahren brutale Sparprogramme, um an die daran geknüpften variablen Vergütungsanteile zu gelangen – und verlassen das Unternehmen, bevor der Folgeschaden sichtbar wird. Im Kundeninteresse zu handeln, so sagt sich der jeweilige Bonus-Empfänger, das wäre doch reine Gehaltsvernichtung.

Gunther Wolf, Unternehmensberater und Experte für Vergütungssysteme, berichtet von einem Fall, bei dem eine Baustoffhandelsgruppe eine widersinnige Prämienmessgröße, nämlich «Umsatz pro m^2 Verkaufsfläche» festgelegt hatte. Flugs begann man in den einzelnen Geschäften, die Verkaufsflächen zu verkleinern, indem man die bis dahin kundenfreundlichen breiten Gänge mit Deko-Material und Umbauten vollstellte. Ohne einen einzigen Euro Mehrumsatz war man so an höhere Bonifikationen gekommen. An die später einsetzenden Umsatzeinbußen durch frustrierte Kunden hatte dabei sicher niemand gedacht.

In einem anderen Fall gab es hohe und unlimitierte Sonderboni für akquirierte Neukunden. Schon bald kam es bei der Auftragsabwicklung zu Problemen. Reklamationen waren an der Tagesordnung. «Dazwischen geschobene» Neuanfertigungen und Nachbearbeitungen behinderten den reibungslosen Ablauf der Produktionsprozesse. Zeitliche Verzögerungen bei der Auslieferung waren an der Tagesordnung. Terminvorgaben der Kunden konnten nur durch Teillieferungen halbwegs eingehalten werden. Die eingangs erzielten Mehrumsätze brachen schon bald wieder ein.

«Jeder ist sich selbst der Nächste», sagt wissend der Volksmund. Haben wir die Wahl zwischen dem Spatz in der Hand und der Taube auf dem Dach, so wählen die meisten den Spatz. Aus vielen Experimenten ist bekannt, dass Menschen die kurzfristigen den langfristigen Vorteilen vorziehen. Obwohl sie wissen, dass solches Verhalten irrational ist – sie tun es doch. Ist das der Fall, dann war mal wieder unser Belohnungszentrum aktiv. Es verzichtet höchst ungern auf einen sofortigen sicheren Genuss zugunsten einer zukünftigen und damit noch vagen Freude. Und das betrifft nicht nur den privaten Bereich, sondern auch die unternehmerischen Entscheidungen.

So kommt es, dass zugunsten schneller Gewinnmitnahmen die Zukunft geopfert wird. Und so kommt es, dass für das Ergattern von Zulagen auch inakzeptable Grenzen überschritten werden. Dicke Bonuszahlungen sind wie kapitale Zwölfender. Weil nur die Besten sich mit solchen Trophäen schmücken können, sind sie eine faszinierende Beute. Wer nach heldenhafter Tat mit rarem, wehrhaftem Jagdgut nach Hause kam, für den gab es immer schon reichlich Grund zur Freude: das höchste Ansehen, die dickste Hütte und die schönste Jungfrau im Stammesverband. In Dagmar Decksteins Buch «Klasse!» hören wir von Top-Managern, die nachts nicht schlafen können vor lauter Angst, dass es bei ihren Boni Abstriche gibt. Wenn das so ist, wäre mit Anreiz-Systemen, die auf Nachhaltigkeit zielen, viel zu erreichen.

Anreiz-Systeme für die Bestandskundenpflege

Im Loyalitätsmarketing dienen erfolgsorientierte Anreiz-Systeme vor allem dazu, die Kundenfokussierung, den Aufbau dauerhafter Kundenbeziehungen und damit die Kundenloyalität zu stützen. So sind bei der Entwicklung von Vergütungsmodellen unter anderem die folgenden Fragen zu stellen:

* Unterstützen wir damit die Interessen unserer Kunden?
* Hilft es uns, rentable Kunden zu loyalisieren?
* Hilft es, Mundpropaganda und Empfehlungen zu generieren?

Finanzielle Leistungsanreize können freiwillige Formen der Zusammenarbeit verdrängen. Deshalb gilt: «Anreiz-Systeme, die die strategische Bestandskundenpflege im Fokus haben, werden am besten als Teamprämie gestaltet, die den gemeinsamen Erfolg höher honoriert als den individuellen. Sie sieht – unter Beachtung der anzusprechenden Mitarbeiter-Persönlichkeiten – in geringem Umfang monetäre, vorwiegend aber immaterielle Ausschüttungsformen und Incentives (außergewöhnliche Events, Ausflüge, Reisen, Festessen usw.) vor. Denn Loyalisierungserfolge sind immer gemeinsam erreichte Erfolge. Ein wichtiger Aspekt ist auch, dass der incentivierte Zielerreichungsgrad schon bei mittlerem Leistungs- bzw. Erfolgsniveau angesiedelt wird, damit viele von den Ausschüttungen profitieren können.» Das rät Gunther Wolf.

Teamorientierte Anreiz-Systeme sollten unter Mitwirkung aller «Betroffenen» entwickelt werden. Transparenz, Nachvollziehbarkeit und Akzeptanz sind entscheidende Erfolgsparameter, genauso wie Fairness und das gemeinsame Feiern von Erfolgen. Die Vereinbarung der Ziele und die Messung der Ergebnisse erfolgt über geeignete Messgrößen, die schon im Unternehmen vorhanden und etabliert sein sollten. Das kann die Relation von Folgeaufträgen zu Neuaufträgen in Auftragseingang oder Ertrag ebenso sein wie die Anzahl der durchschnittlichen Folgeaufträge pro Kunde.

Ein gut durchdachtes Gewinnbeteiligungssystem ist immer auch ein selbstreinigendes System. Es schaltet unproduktive Mitarbeiter aus, indem diese freiwillig das Unternehmen verlassen, da sie nicht genug verdienen können. Das wiederum befreit die anderen, die Produktiven davon, aus einer oft tief verwurzelten Kollegen-Loyalität heraus die Faulen mitziehen und mitfüttern zu müssen. Wer solche falsch verstandene Kameradschaft als Hängematte nutzt, für den darf es in Ihrem Unternehmen keinen Platz geben. Sind Sie hier nachsichtig, ernten Sie die Illoyalität der Loyalen.

Werden individualisierte Anreiz-Systeme vorgezogen, so schlägt Gunther Wolf das Modell der Zieloptimierung vor. «Die Krux bei konventionellen Zielvereinbarungssystemen», so Wolf, «ist der Interessengegensatz der Beteiligten, der die angestrebte harmonische und faktenbasierte Zielvereinbarung schlichtweg unmöglich macht. Der Vorgesetzte hat ein starkes Interesse daran, möglichst hohe Ziele mit dem Mitarbeiter zu vereinbaren und malt die Zukunft in rosa Farben. Der Mitarbeiter hingegen verfolgt das Interesse, möglichst niedrige Ziele durchzudrücken. Denn er weiß: Wenn es ihm gelingt, die Führungskraft zur Vereinbarung mäßiger Ziele zu bringen, wird er die lukrative variable Vergütung viel leichter erreichen. Dies ist ein Interessengegensatz, der Zielvereinbarungsgespräche unehrlich macht und zu einem unerfreulichen ‹Tauziehen› führt.

Bei der Zieloptimierung hingegen besitzt neben der erreichten auch die vereinbarte Zielhöhe eine Entgeltrelevanz. Wichtig für den Mitarbeiter: Maximale Prämien erlangt er, indem er ein möglichst hohes Ziel vereinbart – und es erreicht. Dies bewirkt, dass die Mitarbeiter bei Nutzung der Zieloptimierung die Festlegung von möglichst hohen Zielen wünschen. Das Ergebnis: Da die Interessen von Führungskraft und Mitarbeiter deckungsgleich sind, tauschen sie relevante Informationen über realisierbares Marktpotenzial offen aus, generieren gemeinsam innovative Maßnahmen und kommen ohne Verhandlungsdruck zur Festlegung weitaus höherer Ziele. Beidseitige Sicherheit und echtes Commitment begründen die den konventionellen Zielvereinbarungssystemen weit überlegene Motivationswirkung der Zieloptimierung.»

Das Customer Touchpoint Management

Customer Touchpoints, also Kundenkontaktpunkte, entstehen überall dort, wo der Kunde mit einem Unternehmen bzw. seinen Produkten, Dienstleistungen oder Marken in Berührung kommt – egal, ob dies in direkter Form (Verkäuferbesuch, Telefonat, Mailing etc.) oder in indirekter Form (Meinungsportal, Test- oder Pressebericht, Mundpropaganda etc.) geschieht. An jedem Touchpoint können positive wie auch negative Erlebnisse entstehen. So kann ein einziges negatives Ereignis an einem für den Kunden wichtigen Kontaktpunkt zum sofortigen Abbruch der Geschäftsbeziehung führen. Damit eine solche auf Dauer aufrechterhalten wird, muss die Summe der positiven Erfahrungen bei Weitem überwiegen. Manche Touchpoints sind dabei effizienter als andere.

Unter Customer Touchpoint Management (Kundenkontaktpunkt-Management) verstehen wir die Koordination aller Maßnahmen, die dazu dienen, dem Kunden an jedem Kontaktpunkt eine herausragende sowie verlässliche und damit vertrauenswürdige Erfahrung zu bieten, ohne die Prozesseffizienz aus dem Auge zu verlieren. Ziel ist das stete Optimieren der Kundenerlebnisse an den einzelnen Kontaktpunkten, um die bestehenden Kundenbeziehungen dauerhaft zu festigen und positive Mundpropaganda auszulösen. Dazu heißt es, dem Kunden Enttäuschungen zu ersparen und über den Zufriedenheitsstatus hinaus Momente der Begeisterung zu schaffen. Das Customer Touchpoint Management folgt also nicht länger dem alten Marketing, das fragt: Was bieten wir dem Kunden? Vielmehr wird untersucht, was die Kunden erwarten – und was sie schließlich erhalten. Alles wird aus der Außensicht heraus betrachtet.

Die intensive Auseinandersetzung mit jedem einzelnen Touchpoint führt nicht nur zu verstärkter Kundentreue, sie legt auch interne Effizienzreserven frei, sie führt zur Ressourcen-Optimierung und durch Kosten- und Zeiteinsparungen schließlich zu höheren Erträgen. Durch eine Priorisierung der erfolgswirksamen Schlüssel-Touchpoints können beispielsweise Gelder weg von teuren und zunehmend wirkungslosen Anzeigenkampagnen hin zu dialogischen Maßnahmen oder weg von technologischen Lösungen hin zu loyalitätswirksameren, zwischenmenschlichen Interaktionen geleitet werden. Aufgabe ist es schließlich, auf die Kontaktpunkte zu fokussieren, die ein markentypisches Erlebnis schaffen sowie Kundenloyalität und Wettbewerbsfähigkeit am nachhaltigsten stärken.

So erhalten Entscheider mit dem Customer Touchpoint Management ein praxisnahes Navigationssystem, mit dessen Hilfe kundenbezogene Maßnahmen transparent und steuerbar werden. Ein Mitbewerber-Vergleich kann zeigen, welche Touchpoints dort besser oder schlechter funktionieren.

Die internen Vorbedingungen in der Praxis

An den Kundenkontaktpunkten zeigt sich, was die Versprechen eines Unternehmens taugen. So finden etwa im Service Center, an der Hotline oder bei der Reklamationsbearbeitung die sogenannten «Momente der Wahrheit» (Moments of Truth) statt, wie sie der ehemalige SAS-Vorstand Jan Carlzon in seinem Klassiker «Alles für den Kunden» nennt. An jedem Touchpoint sammelt der Kunde nämlich Eindrücke, die sich zu einem Gesamtbild verdichten: Dieses Unternehmen ist auf Dauer das richtige für mich – oder eben nicht. Dabei ist die Meinung des Kunden immer subjektiv, häufig verallgemeinernd, manchmal unfair, vielleicht sogar falsch – aber es ist die Meinung des Kunden, die er gefragt oder ungefragt weitergibt. Nur leider selten beim Anbieter selbst. Und während die Unternehmen mit sich selbst beschäftigt sind, macht sich der Kunde auf und davon.

In vielen Unternehmen kümmern sich die diversen Einheiten (Marketing, Vertrieb, Produktmanagement, Call Center, Kundendienst usw.) immer noch mehr oder weniger unkoordiniert um die verschiedenen Touchpoints. Das nennen wir «Silo-Denke». Bei manchen Geschichten kann man nur ungläubig den Kopf schütteln: Da ist der Vertreter, der nichts von dem Neuigkeiten-Mailing weiß, das der Kunde ihm – wie peinlich – unter die Nase hält. Da sind all die Mitarbeiter, die nicht auf das neue Werbeversprechen im TV-Spot vorbereitet wurden, nur weil man den Film bis zur ersten Ausstrahlung geheim halten will. Da ist auch die Anekdote, von der Georg Blum im «Leitfaden Dialogmarketing» berichtet: Eine Kaufhaus-Kette plante eine Verkaufsaktion für Business-Anzüge. Um das Angebot attraktiv zu machen, sollte es eine Gratiskrawatte dazugeben. Das Problem: Der Einkauf von Anzügen und Zubehör lag in verschiedenen Händen. Der Krawatteneinkäufer weigerte sich, die Zugabe zu organisieren, «weil die Krawatten mit null Euro fakturiert würden. Bei einer erfolgreichen Aktion mache das seine Kalkulation kaputt. Damit verfehle er seine Ziele und die Prämie wäre futsch.»

Nicht so im Loyalitätsmarketing. Dort werden sich ohne Ausnahme alle Bereiche deutlich stärker miteinander vernetzen und abteilungsübergreifend für die Kundeninteressen tätig sein. Mit der Präzision eines Laserstrahls wird dort gesucht und gefunden, was beim Kunden Bleibe-Freude, Immer-wieder-Kauflust und Empfehlungsbereitschaft weckt. Alle kundenrelevanten Geschäftsprozesse sind regelmäßig auf dem Prüfstand. Dabei kooperiert man mit den Kunden und bindet diese in die Abläufe ein. Dies senkt nicht nur das unternehmerische Risiko, sondern baut zusätzlich Eintrittsbarrieren für den Wettbewerb auf. Denn wenn man Menschen zeigt, dass man sich für ihre Meinung wirklich interessiert, verändert sich deren Haltung zum Unternehmen und seinen Angeboten positiv. Dies wiederum schafft Verbundenheit und sorgt für den – Sie wissen schon – «Mein Baby»-Effekt. Und das finale Ergebnis? Es kann sich sehen lassen:

- Sie werden die Nummer eins in Sachen Kundenbeziehung.
- Das Gesamt der positiv wirkenden Details macht Sie unkopierbar.
- Ihre Kunden werden immun gegen den Wettbewerb.
- Die Kunden kaufen öfter, hochwertiger und mehr.
- Sie können Ihre Leistungen teurer verkaufen.
- Nur wenige Kunden laufen davon.

- Viele Kunden kommen über Empfehlungen zu Ihnen.
- Ihr guter Ruf am Markt zieht neue Kunden wie magisch an.
- Die besten Talente wollen bei Ihnen arbeiten.
- Sie werden zur Messlatte für Ihre Branche.
- Die Presse schreibt oft und positiv über Sie.
- Sie werden zu Kongressen eingeladen, um zu berichten.
- Sie haben die Loyalitätsführerschaft.

Doch der Reihe nach. Betrachten wir zunächst den Prozess des Kundenkontaktpunkt-Managements und danach die praktische Umsetzung.

Der Prozess des Kundenkontaktpunkt-Managements

Der Prozess des Kundenkontaktpunkt-Managements lässt sich in vier Schritten darstellen:

1. Schritt – die Ist-Analyse:

Hier geht es um das Erfassen der relevanten Kontaktpunkte, das Verstehen der Prozesse und das Dokumentieren der Ist-Situation. Folgende Fragen lassen sich hierzu stellen: Welche Kunden treten an welchen Stellen und zu welchen Anlässen wie häufig mit welchen Mitarbeitern im Unternehmen in Kontakt? Wie sehen die Abläufe an den einzelnen Punkten aus? Sind sie abteilungsübergreifend aufeinander abgestimmt? Sind sie markenkonform inszeniert? Und wie gut leben die Mitarbeiter das, was die Marke bzw. das Unternehmen verspricht? Wie erlebt und beurteilt all dies der Kunde? Was läuft gut? Was muss weg? Was muss zukünftig anders bzw. besser gemacht werden? Welche Prozessbarrieren bestehen? Welche Kontaktpunkte favorisiert der Kunde? Welcher Handlungsbedarf ergibt sich aus Sicht des Kunden?

Wenn Sie diese Analyse – soweit möglich – auch für Ihre Mitbewerber erstellen, erhalten Sie einen Überblick darüber, wer an welchem Touchpoint besser oder schlechter aufgestellt ist als Sie.

2. Schritt – die Soll-Strategie:

In diesem Schritt geht es um das Definieren der zukünftigen Ziele sowie der angestrebten optimalen Soll-Situation. Folgende Fragen lassen sich hierzu stellen: Welche Produkt- bzw. Servicequalität wollen wir welchen Kunden an welchen Kontaktpunkten zukünftig bieten? Mit welchen konkreten Zielen und mit welchen Ressourcen wollen wir diese Servicelevels erreichen? Auf welche Weise? Mit welchen Prioritäten? Welche Handlungsszenarien gibt es dabei? Soll die Zahl der Kontaktpunkte vergrößert werden? Oder verkleinert? Wie sollen insbesondere die Schlüsselkontaktpunkte aus Sicht des Kunden optimiert werden? Wie können wir dabei die Kunden involvieren?

3. Schritt – der To-do-Plan:

Beim dritten Schritt geht es um die Planung und Umsetzung eines passenden Maßnahmen-Mixes, der von der Ist-Situation zur Soll-Situation führt. Folgende Fragen lassen sich dabei stellen: Wer macht was ab/bis wann mit welchem Budget? Welche Ressourcen müssen dazu bereitgestellt werden? Wer kann dabei helfen? Welche Zeitlinien sind sinnvoll und machbar? Dies ist gemeinsam mit den Mitarbeitern zu planen und umzusetzen.

4. Schritt – die Kontrolle und Optimierung:

In diesem Schritt geht es um das Messen der Ergebnisse zwecks zukünftiger weiterer Optimierung der Prozesse. Folgende Fragen lassen sich hierzu stellen: Welche Service-Levels sollen in Zukunft gelten? Was sind die Minimum-Standards an den einzelnen Touchpoints? An welchen Kriterien wollen wir unsere verbesserte Kundenkontakt-Performance messen? Welche Kennzahlen wollen wir dazu auf welche Weise wie oft und für wen erheben? Wie wird das gewonnene Wissen dokumentiert und mit den Mitarbeitern besprochen? Wer leitet auf welche Weise die weiteren notwendigen Prozessverbesserungen ein?

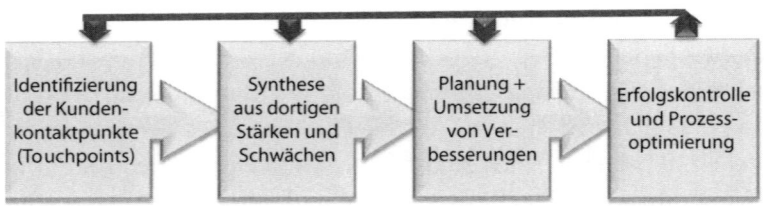

Abb. 8: Der Prozess des Kundenkontaktpunkt-Managements

Im Rahmen von Kontaktpunkt-Optimierungsprojekten müssen Mitarbeiter und Kunden involviert werden. Meine Projekterfahrungen zeigen, dass es sinnvoll ist, externe Experten hinzuzuziehen, um der eigenen Betriebsblindheit zu entgehen. Ferner ist es überlegenswert, einen Sachfremden zum Projektleiter zu machen. Der Vorteil? Da er von der Materie keine Ahnung hat, ist er gezwungen, sich mit den Teilnehmern auszutauschen und dabei auch «dumme» Fragen zu stellen. Durch solche Dialoge werden Zusammenhänge klarer, brachliegendes Wissen wird angezapft, Hierarchiebremsen werden ausgehebelt, und der Blick durch eine andere Brille lässt oft ganz neue, mutige Ideen entstehen.

Die Definition der Touchpoints

Im ersten Schritt des Projekts werden zunächst alle Kontaktpunkte chronologisch aufgelistet, die ein Kunde im Zuge eines Kaufprozesses bzw. einer Nutzungsbeziehung hat oder haben könnte – und zwar aus der Wertigkeitsperspektive des Kunden betrachtet. Dabei werden die faktischen wie auch die emotionalen Erlebnisse, die ein Käufer an jedem Kontaktpunkt hat oder haben könnte, abteilungsübergreifend betrachtet. Dies kann entsprechend dem Buying Circle des Kunden (Suchphase, Kaufphase, Nutzungsphase, Wiederkauf) weiter ausdifferenziert werden.

In meinen Workshops lasse ich all das von den Mitarbeitern selbst erarbeiten. Und nicht nur ich, insbesondere die Führungskräfte sind immer wieder ganz erstaunt, mit wie viel Motivation die Teilnehmer bei der Sache sind und welch wertvolle Ergebnisse am

Ende herauskommen. Wichtiger noch: Die geplanten Maßnahmen werden danach auch engagiert umgesetzt. Denn sie wurden nicht vom Chef vordiktiert, sondern in Eigenregie entwickelt. Das Wollen erreichen Führungskräfte immer dann am besten, wenn die Mitarbeiter selbst sagen, sie könnten sich vorstellen, etwas in Zukunft so und so zu machen. Und Begeisterung für die Sache wird auf diesem Weg gleich mitgeliefert. Nie würde ich empfehlen, solche Analysen von externen Beratern mithilfe komplexer, exotisch klingender Verfahren erstellen zu lassen. Das Wichtigste ist die Akzeptanz der involvierten Mitarbeiter – und eine Vorgehensweise, die einfach und verständlich ist.

So kann beispielsweise mit einer Auflistung der Touchpoints in folgender Weise gearbeitet werden:

- Touchpoint ☐
- Wertigkeit für den Kunden ☐
- Negative Erlebnisse ☐
- Positive Erlebnisse ☐
- Involvierte Mitarbeiter ☐

Dabei werden zunächst alle Online- und Offline-Touchpoints benannt und mit Karten in ihrer voraussichtlichen Reihenfolge an die Wand gepinnt. Achtung: Selbst bei mittelgroßen Unternehmen kommen bei sorgfältiger Analyse schnell mehr als 100 Touchpoints zusammen.

Zum Einstimmen und Warmmachen kann man den Projekt-Teilnehmern folgende Aufgabenstellung geben: «Sie haben zwei Minuten Zeit. Notieren Sie – jeder für sich – so viele potenzielle Kontaktpunkte wie möglich, die Sie mit einer Automarke X haben könnten.»

Erfahrungsgemäß wird jeder Teilnehmer etwa zehn bis zwanzig

Touchpoints finden und aufschreiben. Die Gruppe als Ganzes kommt je nach Teilnehmerzahl locker auf 50 bis 100 Touchpoints – und das in nur zwei Minuten.

Anschließend stelle ich, wenn ich Customer-Touchpoint-Workshops moderiere, den Teilnehmern gern die folgende Frage: «Welches ist der erste Kontaktpunkt, den ein potenzieller Kunde mit Ihrem Unternehmen hat?» Die Antworten fallen, über alle Branchen hinweg, sehr ähnlich aus: Der Interessent kommt vorbei, er ruft an, er mailt uns, er erhält Unterlagen, er geht auf unsere Webseite, er wird von einem Außendienst-Mitarbeiter besucht. Hieran erkennt man die immer noch vorherrschende selbstzentrierte Sichtweise in den Unternehmen. In Wirklichkeit entstehen die ersten Kontakte ja schon sehr viel früher:

- Der potenzielle Kunde hat einen Bedarf und es kommt ihm dazu ein adäquater Anbieter in den Sinn. Dieser allererste Gedanke ist je nach Vorerfahrung positiv oder negativ aufgeladen.
- Er hört ganz beiläufig etwas über ein Unternehmen oder seine Produkte bzw. Services, und dies ist entweder positiver oder negativer Natur.
- Er fragt bei Kollegen oder Freunden, was sie zu einem Unternehmen bzw. seinen Produkten und Services sagen können.
- Er liest etwas in der Presse oder hört etwas in Funk und Fernsehen.
- Er googelt das Unternehmen und stößt dabei auf positive oder negative Einträge in Foren, Blogs und Meinungsportalen.

So müssen sich die Unternehmen nun endgültig von der Idee verabschieden, dass alles durch eigene Vertriebs- und Marketingarbeit gesteuert werden kann. Immer mehr Konsumenten frequentieren, wie bereits dargestellt, zunächst Meinungsportale und entscheiden dann aufgrund der dort veröffentlichten Bewertungen. Solche Inhalte erscheinen beim Googeln nicht selten noch vor der eigenen Homepage, denn Google liebt Blogs & Co. Auf diese Weise verlieren Unternehmen so manchen Interessenten, noch bevor dieser eine erste Anfrage gestartet hat. Und niemand bekommt etwas davon mit.

Wie dem auch sei: Sind die eigenen Touchpoints definiert, wird nun die angenommene Wertigkeit für das Fortbestehen einer guten Kundenbeziehung determiniert. Dazu kann eine Skala von null bis zehn verwendet werden, wobei zehn für die höchste Wertigkeit steht. Direkte und persönliche Mensch-zu-Mensch-Kontakte zwischen Mitarbeiter und Kunde haben in aller Regel eine hohe Wertigkeit und sollen deshalb besonders markiert werden. Danach bestimmt man die Kontaktpunkte, die weiter bearbeitet werden sollen. In einem Projekt mit der Schülerhilfe, einem Franchise-System, das Nachhilfeleistungen für Schüler anbietet, wurden auf diese Weise zwei Haupterfolgstreiber definiert: das Erstgespräch und das Abschlussgespräch mit den Eltern. Im Rahmen eines Jahrestreffens der Franchisenehmer wurden diese beiden Punkte dann intensiv bearbeitet.

Die Ist-Analyse der Touchpoints

Nachdem das Ensemble der zu betrachtenden Touchpoints nach Art und Wertigkeit definiert ist, identifiziert man im nächsten Schritt die Schwachstellen sowie die Treiber dauerhaft guter Kundenbeziehungen – und zwar in dieser Reihenfolge. Hierzu werden sowohl die kritischen Ereignisse als auch die positiven Geschehnisse aufgelistet, die einem Kunden an jedem Touchpoint widerfahren – oder im schlimmsten Fall widerfahren könnten. Was läuft prima? Gibt es heikle Situationen? Wann stellt sich ein Moment großer Freude ein? Was erwartet der Kunde? Und was nicht? Wo gibt es öfter Beschwerden? Und wo werden wir besonders gelobt? Wo können wir Erwartungen weiter übertreffen? Wie den Kunden angenehm überraschen? Was könnte die Geschäftsbeziehung intensivieren? Was wäre dabei einzigartig? Wo lauern Abwanderungsrisiken? Was sollten wir schnellstens ändern und verbessern? Und was hat uns bislang daran gehindert, dies zu tun? Auch wenn unangenehm, die letzte Frage muss besprochen werden. Denn erst, wenn die wahren Ursachen für Handlungsblockaden offenliegen, lässt sich etwas dagegen tun.

Diesen Aufgabenteil können Sie mit folgender Vorübung beginnen: Im Rahmen von Arbeitsgruppen mit abteilungsübergreifend ausgewählten Mitarbeitern lassen Sie folgende Fragen erarbeiten:

- Wenn ich selber Kunde bin, was ist mir dann besonders wichtig?
- Wenn ich selber Kunde bin, was ärgert mich und stößt mich ab?
- Was erzählen unsere Kunden im Guten wie im Schlechten über uns – und wonach haben sie in letzter Zeit öfter gefragt?
- Was müssten wir tun, um unsere Kunden schnellstmöglich zu vergraulen und somit zu verlieren? Und das passende «Gegengift»?
- Was könnten wir tun, um unsere Kunden an jedem Kundenkontaktpunkt immer wieder noch ein wenig stärker zu begeistern?
- Was habe ich als MitarbeiterIn davon, wenn ich Kunden begeistere? Was hat das Team davon, wenn wir das alle tun? Und die Firma?
- Was ist die verrückteste Idee, die uns zum Thema Kundenbegeistern und Mundpropaganda-Machen einfällt?

In vielen Unternehmen besteht die Tendenz, die eigenen Leistungen zu beschönigen oder aber in einem zu warmen Licht zu sehen. So ist es besonders wichtig, die Schwachstellen ausgiebig zu beleuchten. Denn solange es diese noch gibt, werden Sie keine Kunden begeistern – und somit weder Loyalität noch Empfehlungen erhalten. Damit nun das Ausmerzen der Schwachstellen gezielt in Angriff genommen und als sportliche Herausforderung gesehen wird, kann man diesem Prozess klingende Namen geben. Heike Bruch vom Lehrstuhl für Führung und Personalmanagement der Uni St. Gallen schlägt folgende vor: den Drachen besiegen oder die Prinzessin vom Eis holen.

In einem Hotelprojekt haben wir die Schwachstellen entlang der Touchpoints mal wie folgt beleuchtet (Auszug, Zielgruppe Frauen):
- *Kontaktpunkt Tiefgarage:* Sie ist schmutzig und dunkel, Frauenparkplätze fehlen, der Hinweis zur Rezeption ist schlecht zu sehen.

- *Kontaktpunkt Check-in:* Die Gäste werden nicht sofort mit einem «Willkommen in unserem Hotel» begrüßt, sondern erst nachdem man sie im Computer gefunden hat.
- *Kontaktpunkt Sauna:* Wenn der Haustechniker nicht da ist, weiß niemand, wie sie angeht. Am Wochenende heißt es: «Das lohnt sich nicht, sie anzumachen, für die paar Gäste.»
- *Kontaktpunkt Restaurant:* Das Wiener Schnitzel, das man per Zimmerservice bestellen kann, ist im Restaurant nicht mal auf Nachfrage zu bekommen. Fehlt etwas, dann heißt es: «Ich war das nicht, der Kollege hat das vergessen.»
- *Kontaktpunkt Bar:* Laut und deutlich wird nach der Zimmernummer gefragt und dann auch noch für alle hörbar wiederholt.
- *Kontaktpunkt Bad:* Die Ersatzrolle Toilettenpapier gleich neben dem Klo macht Angst. Frühere Gäste könnten ja im Stehen …
- *Kontaktpunkt Zimmermädchen:* Diese beginnen schnatternd um 7 Uhr morgens ihre Arbeit auf den Fluren und klopfen an Türen, obwohl die Gäste noch gar nicht ausgecheckt haben.
- *Kontaktpunkt Frühstück:* Man wird dort nicht herzlich empfangen, sondern investigativ nach der Zimmernummer befragt.
- *Kontaktpunkt Tagungsraum:* Die Filzstifte sind eingetrocknet und auf dem Flipchart-Papier sind noch Notizen vom Vorgänger.
- *Kontaktpunkt Check-out:* Es fehlt der Dank für den «Kauf» und jeglicher Loyalisierungsimpuls.

Nach Listung der negativen Ereignisse wird im Umkehrschluss nach tatsächlichen oder denkbaren positiven Erlebnissen gefahndet. Dabei stehen insbesondere auch solche im Fokus, die zu einer Übererfüllung der erwarteten Leistung und damit zu guten Gefühlen führen. Ist diese Phase abgeschlossen, wird in die letzte Spalte der Übersicht notiert, welche Mitarbeiter abteilungsübergreifend die «Eigner» des Touchpoints sind.

Da es sich bei all dem um Einschätzungen handelt, sollten in der Folge die Kunden involviert werden. Sie kommentieren, ergänzen, geben Anregungen und berichten von ihren Idealvorstellungen. Konkret heißt das: Ausgewählte Kunden machen bei diesem Prozess mit. Oder sie werden auf geeignete Weise mündlich bzw. schriftlich befragt. Oder man zieht die bereits existierenden Kommentare aus Zufriedenheitsbefragungen zu Rate. Oder man nimmt sich Beschwerdefälle aus der Vergangenheit vor. Oder man schildert in Anekdoten, wie es einem als Kunde anderswo ergangen ist.

Gehen wir mal in den Supermarkt. Dort hat man sich natürlich schon mit allem Möglichen beschäftigt: mit Platzierungsoptimierung und mit Regal-Psychologie, mit Musikberieselung, mit Duftmanagement und Lichtambiente, mit Instore-TV, Selbstscanner-Kassen (die zum Verzweifeln sind) und mit Laufwege-Tuning. Man weiß zum Beispiel, dass dort, wo die Kunden gegen den Uhrzeigersinn zur Kasse laufen, mehr Geld ausgegeben wird als dort, wo es andersherum geht. Jedoch: Die Aufmerksamkeit der Manager gilt vornehmlich der Technik. So wird mehr Geld in Videoüberwachung investiert als in freundliche, hilfsbereite Mitarbeiter.

Bleiben wir beim Kontaktpunkt Kasse. Er ist aus zwei Gründen wichtig:

1. An der Kasse erleiden wir «Schmerzen». Denn hier müssen wir uns von Geld trennen.
2. An der Kasse wird Loyalität gemacht. Denn der letzte Eindruck hat maßgeblichen Einfluss auf das Wiederkommen.

Einverstanden? Dann hören Sie sich mal einen oft zitierten Spruch im Handel an: «Nichts ist so uninteressant wie ein Kunde, der gerade bezahlt hat.» Genauso fühlt es sich auch an. Kürzlich fragte ich eine Kassiererin im Edel-Supermarkt, warum die Fläche zum Einpacken der Ware bei ihr so unglaublich klein sei. Die Antwort: «Bei Aldi ist sie auch nicht größer.» Ein andermal ermutigte ich eine recht unfreundliche Verkäuferin, sie könne ruhig mal «Danke» sagen – schließlich hatte ich über hundert Euro dagelassen. Und das bekam ich zur Antwort: «Danke? Das steht bei uns auf dem Kassenzettel. Schauen Sie: Wir danken für Ihren Einkauf.»

Natürlich bin ich nicht allein mit solchen Beobachtungen. So ergab die 2008er Untersuchung des Kundenmonitors Deutschland, dass die Mitarbeiterfreundlichkeit gerade im Handel gegenüber den Vorjahren deutlich nachgelassen hat. «E-Commerce ist die Rache des Verbrauchers für 50 Jahre Demütigung im stationären Handel», hat ein Insider dazu einmal treffend gesagt.

Aber es geht auch anders. Kennen Sie die Geschichte von Johnny? Johnny ist Einpacker in einem amerikanischen Supermarkt. Und er hat das Down-Syndrom. Als sich alle dort mit dem Touchpoint-Management beschäftigten und Begeisterungsideen für ihre Kunden sondierten, hatte Johnny folgende Idee: Er suchte nach schönen Sinnsprüchen im Internet, druckte sie aus und unterschrieb sie mit seinem Namen. Diese Zettel legte er den Leuten, ohne ein Wort zu sagen, ganz unten in die Tüte. Schon am zweiten Tag wurde die Schlange an Johnnys Kasse länger. Und Menschen, die sonst nur manchmal kamen, kamen und kauften jetzt jeden Tag. Sie schenkten Johnny Zeit und dem Geschäft Geld – für einen Moment des Glücks.

Der Soll-Plan für eine bessere Touchpoint-Zukunft

Ist die Ist-Analyse erstellt, werden im nächsten Schritt der Soll-Plan sowie der darauf aufbauende Aktionsplan festgelegt. Soweit noch nicht vorhanden, kann es zunächst nötig sein, für einzelne Touchpoints Minimum-Standards zu entwickeln, Serviceversprechen (Do's und Dont's) zu definieren, Garantien zu formulieren oder Service Level Agreements (SLA) zu initiieren. Dazu hier ein Auszug aus den «Disney Service Basics»:

- Stellen Sie Augenkontakt her und lächeln Sie.
- Geben Sie Gesprächen einen positiven Charakter.
- Behandeln Sie jeden Gast individuell.
- Begrüßen Sie die Gäste und heißen Sie sie willkommen.
- Bedanken Sie sich bei den Gästen und bitten Sie sie, wiederzukommen.
- Antizipieren Sie Bedürfnisse und bieten Sie Hilfe an.
- Kreieren Sie Überraschungen und magische Momente.

Auf den ersten Blick klingen solche Service-Basics oft recht simpel. Doch genau das ist ihr Erfolgsgeheimnis. Die Vorbedingung? Für wirklich jeden im Unternehmen – angefangen bei den Führungskräften – ist ihre Anwendung Pflicht: drinnen wie draußen. Wer das nicht kann oder will, hat in einem solchen Unternehmen keinen Platz. Punkt. Vor allem mit den kundennahen Mitarbeitern müssen die Service-Basics regelmäßig geübt und besprochen werden, damit das alles in Fleisch und Blut übergeht – und im Kundenkontakt nicht künstlich wirkt. Je nach Situation sind zusätzliche Weiterbildungsmaßnahmen zu konzipieren, um die richtige Einstellung sowie die soziale Kompetenz der Mitarbeiter zu entwickeln.

Sehr gut bewährt hat sich hierbei das Storytelling. Da geht es um passende Geschichten zu den einzelnen Servicepunkten, die verdeutlichen, welches Verhalten erwünscht und erfolgversprechend ist und welches nicht. Solche Geschichten können im Intranet dokumentiert und im Rahmen der turnusmäßigen Meetings gemeinsam besprochen werden. So findet «Kontrolle» nicht von oben, sondern über das Team statt. Man diskutiert gemeinsam darüber, was passt und was nicht. Wissen wird so nicht eindimensional, sondern im Austausch entwickelt und weitergereicht.

Ist all das geklärt, werden dann im Rahmen des Aktionsplans die Prioritäten gesetzt. Hierbei stehen *die* Touchpoints im Fokus, welche für ein positives Kundenerlebnis und eine dauerhafte Loyalisierung von zentraler Bedeutung sind. Zielgruppenbelange bzw. regionale oder nationale Besonderheiten können dabei eine große Rolle spielen. Immer aber gilt: Weniger ist mehr. Die «wichtigsten 192 Maßnahmen zur Loyalisierung unserer Kunden» schaffen nur Verwirrung und verpuffen in ihrer Wirkung. Ein weiterer Filter kann die Marke sein. Man fragt: Was passt gut zur Marke – und was nicht?

Ein sogenannter «Quick win», also eine Maßnahme, die einen schnellen Erfolg verspricht, sollte ganz oben auf der Liste stehen. Das spornt an, sich mit dem Prozess weiter zu beschäftigen. Das Ergebnis kann in einer konkreten To-do-Liste erfasst werden:

- Was ist unser «Quick win», also ein schnelles Erfolgserlebnis?
- Welche Touchpoints werden auf welche Weise optimiert, um Loyalität und Profitabilität zu stärken?
- Welche Touchpoints werden neu lanciert, um Wettbewerbsvorsprünge und positive Mundpropaganda zu generieren?
- Welche Touchpoints werden gestrichen, ohne dabei bestehende Kundenbeziehungen zu gefährden?
- Welche internen Ressourcen, wie viel Budget und welche Zeitlinien sind anzusetzen?

Drei Typen von Touchpoints verdienen dabei besondere Beachtung: der Einstieg in die Loyalität, Zwischendurch-Abschiede und potenzielle Gefahrenpunkte für den Ausstieg aus der Loyalität.

Der Einstieg in die Loyalität: Er beginnt in aller Regel unmittelbar nach Vertragsabschluss oder einem ersten Kauf. Zunächst gilt es, die Kaufreue zu besiegen. Kaufreue? Das sind letzte Zweifel daran, ob die Entscheidung eine gute war («Hätte ich nicht doch besser ...?»). Also muss die Richtigkeit des Kaufs bestätigt werden, und zwar so schnell wie möglich. Das kann noch während des Vertragsabschlusses sein oder im Anschluss an den Kauf per Telefon. So fragt ein Küchenhändler nach ein paar Tagen an, wie es sich in der neuen Küche so kocht. Der Optiker erkundigt sich, wie man mit der Gleitsichtbrille klarkommt. Und ein Messgeräte-Hersteller will wissen, ob mit der Lieferung alles in Ordnung war. All dies, um Nachkaufdissonanzen zu vermeiden.

Danach heißt es, den Kunden zügig zum Zweitkauf zu führen. Sicher wissen Sie aus eigener Erfahrung, dass die Schwelle zu wechseln in aller Regel mit der Anzahl der getätigten Käufe sinkt. Deshalb sind schnelle weitere Kontakt- und Kaufmöglichkeiten einzuplanen und positiv zu gestalten. So hatte ein Onlineshop-Betreiber festgestellt, dass die Leute nach dem dritten Kauf begannen, ganz regelmäßig bei ihm zu bestellen. Daraufhin führte er Maßnahmen ein, um so schnell wie möglich diese loyalitätsentscheidenden ersten drei Käufe zu initiieren. Er wusste: Wiederholungen mit ausbleibenden Enttäuschungen schaffen Vertrauen und schwächen den Wechselimpuls. Wenn nicht wenigstens ab und an Tuchfühlung aufgebaut wird, bröckelt die Loyalität und geht schließlich ganz verloren. Im gleichen Maße steigt die Anfälligkeit für «aushäusige» Kontakte.

Zwischendurch-Abschiede: Abschied tut weh, sagt wissend der Volksmund. Und das gilt auch im Loyalitätsmarketing. Kundenkontakte haben oft mit einem kleinen Abschied zu tun: Service-Mitarbeiter und Auftraggeber gehen nach getaner Reparatur auseinander, die Techniker räumen nach Inbetriebnahme einer Anlage das Feld, der Kunde verlässt die Einkaufsstätte. Ein solcher Abschied ist immer ein kleiner Bruch in der Kundenbeziehung. Welche loyalitätsstärkenden Maßnahmen ergreifen Sie also in diesem Moment? So könnten Hotels nicht nur ein Willkommensgetränk, sondern auch eines zum Abschied servieren.

Bei Opti-Maler-Partner Werner Deck gibt es Clemens, das Bärchen. Es wird nach Beendigung der Arbeiten aber nicht als Geschenk überreicht, sondern als Überraschungseffekt im Raum so versteckt, dass man es erst zu einem späteren Zeitpunkt entdeckt. Zum Beispiel auf der Fensterbank hinter dem Vorhang oder auf dem Fernseher hinter der Vase. Clemens trägt auf dem Rücken einen Aufkleber mit Adresse und folgendem Text: «Einen schönen guten Tag, ich bin Clemens von ‹malerdeck› und möchte mich bei Ihnen für die gute Zusammenarbeit bedanken. Es hat uns großen Spaß gemacht, Ihre Umgebung ein bisschen farbiger zu gestalten. Mir gefällt es so gut, ich bleibe da. Eine Bitte habe ich zum Schluss: Empfehlen Sie uns weiter! Danke.» Ein Schmunzeln, Mundpropaganda und Folgeaufträge sind Malermeister Deck wohl sicher.

Etwas Ähnliches machen die Garant-Möbelhändler aus Österreich. Nach Montage einer Küche hinterlassen sie eine «Naschlade». In einer Schublade werden Süßigkeiten versteckt, die der Kunde wenig später überraschend entdeckt. Man stelle sich das Hallo vor, wenn die Familie Kinder hat.

Der Ausstieg aus der Loyalität: Die Gründe für den Ausstieg aus der Loyalität haben mit zweierlei zu tun: mit Geld und mit schlechten Gefühlen. Hat eine Beziehung gerade erst begonnen, trägt der Kunde noch die Brille der misstrauischen Vorsicht. Selbst bei kleinen Fehlern sind Anbieter da schnell in Gefahr. Bei überlangen Beziehungen hingegen entstehen Desinteresse, Langeweile und Überdruss. Jede Nachlässigkeit kann nun das Ende einläuten. Weitere heikle Momente: Wenn etwa bedingt durch Vertragsende, fällige Jahresgespräche, Preiserhöhungen oder Konditionen-Anpassungen mit Kündigungen zu rechnen ist. In solchen kritischen Momenten sollte ein positives Ereignis vorgeschaltet werden. Auch der Rechnungsversand ist kritisch, denn da bilanziert der Kunde, ob Geld und Gegenwert zueinander passen. Diese Betrachtung ist immer subjektiv und wird von kurz zurückliegenden Ereignissen positiv oder negativ überschattet. Dabei sehen die Menschen nicht das, was sie sehen sollen, sondern das, was sie sehen wollen.

Besonders gefahrvoll ist jede Art von Unzufriedenheit. So denkt der Kunde bei einer Reklamation meist sofort über einen Wechsel nach. Und das wird er in Zukunft immer gnadenloser tun. Wer heutzutage versagt, bekommt von anspruchsvollen Kunden keine zweite Chance. Denn die Angebote am Markt sind riesig. Und die Konkurrenz lauert schon. Bei einer Beschwerde – vor allem bei schriftlichen – heißt es also: fünf vor zwölf! Über 50 Prozent aller Kunden, die sich beschwerten, haben aus Unzufriedenheit mit dem Umgang ihrer Reklamation bereits den Anbieter gewechselt, fand eine Umfrage von Inworks heraus. Wer also ein professionelles Beschwerdemanagement hat, kann sich manch unliebsamen Kundenverlust ersparen.

Umsetzung und Kontrolle

In Form von Tests kann nun die Umsetzung beginnen. Optimierungen in den einzelnen Prozessschritten folgen. Feedback-Schleifen und schnelle Reportings, flankiert von geeigneten internen und externen Kommunikationsmaßnahmen, sichern die kontinuierliche Weiterentwicklung. Im Intranet oder besser noch in einem Firmen-Wiki kann das Ganze dokumentiert und bereichert werden. Der

Rückfluss muss vor allem die Stellen erreichen, für die die Rückmeldungen wertvoll sind.

Ob alles wie gewünscht funktioniert? Hierzu können Beschwerde-Reportings oder Prozesskennzahlen herangezogen werden. Vielfach beliebt ist auch das fragwürdige Mystery Shopping. Dabei werden für teures Geld Fremdfirmen beauftragt, die Einhaltung von Service-Standards per Testkauf oder Testanruf zu ermitteln. Solches Vorgehen will gut überlegt sein, denn man sät Misstrauen und erntet Argwohn. «Wissen Sie, wir müssen hier freundlich sein, wir werden nämlich heimlich kontrolliert!», sagte mir mal eine Verkäuferin. Jeder Kunde könnte ein Schnüffler sein, ein Feind also, und so wird er auch behandelt: mit aufgesetzter Freundlichkeit und Angst in den Augen! Schlimmer noch: Manche Chefs machen gleich den Kunden zum Aufpasser: «Zahlen Sie nur den auf dem Kassenbon ausgedruckten Betrag!», steht auf einem Zettel in großer Schrift an der Kasse. Nun wissen es also auch die Kunden: Hier wird man von Dieben bedient!

Besser eignen sich deshalb Kundenbefragungen, wobei insbesondere die Wiederkaufabsicht oder die Empfehlungsbereitschaft an den bearbeiteten Kontaktpunkten (erneut) gemessen wird. Die konkreten Fragestellungen dazu finden Sie am Ende des Kapitels.

In der Praxis hat sich übrigens vielfach gezeigt: In aller Regel ist es kein einzelnes Detail, das den Kunden positiv aufgefallen ist. Meist ist es der Gesamteindruck, der steigt. «Irgendwie seid ihr auf einmal besser geworden», heißt es dann. Und die Mitarbeiter erzählen: «Die Kunden sind jetzt viel netter zu uns.» Der Controller berichtet schließlich von steigenden Resultaten bei Wiederkauf, Weiterempfehlung und Ertrag. Womit sich zeigt: Wo das Touchpoint-Management stimmt, da stimmen am Ende auch die Ergebnisse.

Von der Kundenbefürchtung zur Kundenbegeisterung

Um den Prozess des Kundenkontakt-Managements noch stärker aus der Kundenperspektive heraus zu gestalten, empfehle ich – inspiriert durch das Kano-Modell des japanischen Universitätsprofessors Noriaki Kano – eine zweite Variante, nämlich das Denken in den drei folgenden Kategorien: Enttäuschungs-, OK- und Begeisterungsfaktoren. Diese können mithilfe des Kunden für jeden Touchpoint ermittelt werden. Dabei wird die Erwartung des Kunden mit der erhaltenen Leistung verglichen. Das Ergebnis oszilliert zwischen herber Enttäuschung und hemmungsloser Begeisterung. Im ersten Fall wird der Kunde Sie mit Fahnenflucht und übler Nachrede bestrafen – und im zweiten Fall weiterempfehlen, wo er nur kann.

Der Erwartungstopf speist sich aus dem, was Sie über sich und andere über Sie sagen. Einfluss nimmt auch die Bestform der Mitbewerber. Vor allem aber speisen sich Erwartungen aus eigenen inneren Bildern. Diese mentalen Landkarten wurden durch die Summe unserer Erfahrungen aufgebaut. Erfahrungen sind die wertvollste Form von Wissen. Und Erinnerungen sind emotional markierte Erfahrungen. Sie werden ständig bearbeitet und neu bewertet. Dabei füllt das Gehirn Lücken mit passendem Material. Und all das passiert völlig unbewusst. So ist es sinnvoll, an positive Erinnerungen anzuknüpfen und das Neue auf der Basis von Bekanntem aufzubauen.

Erwartungen wie auch Wahrnehmung und Bewertung des Erhaltenen sind immer subjektiv gefärbt. Das hat mit dem eigenen Anspruchsniveau zu tun. Und mit den abgegebenen Versprechen. Ebenso zählt, was üblicherweise zu erwarten ist. Bei einem Billiganbieter lässt man schon mal fünf gerade sein, eine niedrige Erwartungshaltung ist also dort leicht zu übertreffen. Im Premium-Bereich hingegen muss alles klappen, da ist man gnadenlos.

Und auch die Tageslaune zählt. Wem es gut geht, der trägt eine rosarote Brille, ist hoffnungsvoll gestimmt und großmütig bei kleinen Fehlern. Hat man aber einen rabenschwarzen Tag, dann kommt bei aller Anstrengung niemand gut weg. In einer solchen Verfassung ist unser Hirn in der Lage, sich das Schlimmste auszumalen.

Begeistert ist, wer mehr erhält als er erwartet – oder mehr als andere. Denn unser Hirn vergleicht immer und fragt: in Relation wozu? Fehlen faktische oder emotionale Unterschiede, dann muss wenigstens der Preis günstig sein. Er ist, wie wir schon sahen, ein emotionales Ersatzprogramm.

Auch die so viel beschworene Qualität ist keine objektiv messbare Leistung. Sie wird immer verglichen, und deshalb von jedem anders definiert. Qualitätsstandards, die Ihnen passend erscheinen, können für den Kunden völlig inakzeptabel sein. In jedem Fall gilt: Versprechen müssen unbedingt eingehalten werden. Und Zufriedenheit reicht nicht. Erst oberhalb der Null-Linie setzt Begeisterung ein. Um den Kunden zu begeistern, werden Sie also seine Erwartungen übertreffen müssen, sonst schlägt die positive Erwartungshaltung schnell in Enttäuschung um.

Im Einzelnen sieht das folgendermaßen aus:

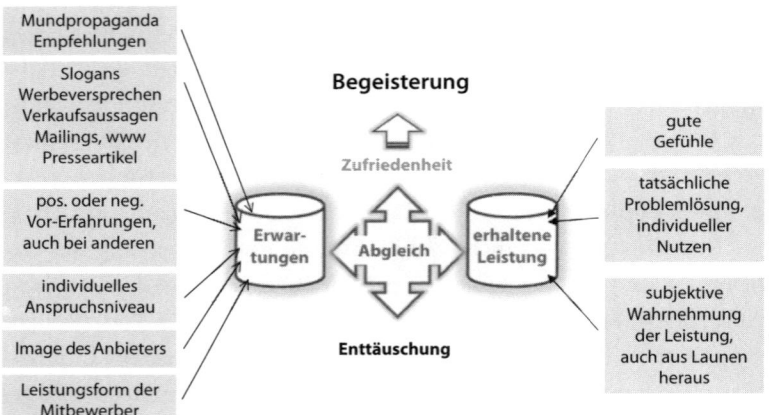

Abb. 9: Der Abgleich zwischen Erwartungen und erhaltener Leistung.

Enttäuschungsfaktoren

Mit dieser Kategorie von Merkmalen können Sie Ihre Kunden weder begeistern noch befriedigen, aber Sie können es sich gründlich mit ihnen verderben. Findet beispielsweise ein Hotelgast fremde Haare im Bett oder Sachen vom Vorgänger darunter, so sind dies herbe Enttäuschungen. Dafür wird man das Hotel bestrafen: Man kommt nicht wieder, warnt andere oder dokumentiert die vorgefundenen

Hygiene-Zustände im Internet. Denn Mängel oder Fehler bei Ent-täuschungsfaktoren tolerieren wir nicht, da es sich dabei ganz einfach um Selbstverständlichkeiten handelt (so denken wir). Unsere negative Reaktion ist vor allem dann explosiv, wenn uns das, was uns besonders am Herzen liegt, bitter enttäuscht. Dies ist etwa dann der Fall, wenn wir ein teuer erstandenes Luxusobjekt als Ramschware im Schlussverkauf wiederfinden. So werden Träume und damit auch Marken zerstört.

Im Loyalitätsmarketing dürfen keinerlei Enttäuschungsfaktoren vorkommen. Gerade Fehler bei «Nichtigkeiten» geben dem Kunden das Gefühl der offensichtlichen Missachtung. So gilt es zu identifizieren, welche Faktoren für Ihre Kunden «Musts» sind. Und dann gilt es sicherzustellen, dass zumindest diese bei jedem Kunden immer zu 100 Prozent erfüllt werden. Über alle Branchen hinweg sind das Aspekte wie etwa Sicherheit, Sauberkeit, Höflichkeit und Ehrlichkeit. Zusatzleistungen bleiben völlig wirkungslos, solange es noch derbe Enttäuschungsfaktoren gibt.

OK-Faktoren

Wer über die Vermeidung von Unzufriedenheit hinauswill, muss an den OK-Faktoren arbeiten. Mit diesen haben Sie im Gegensatz zu den Entäuschungsfaktoren zumindest die Chance, den Kunden zufriedenzustellen. Ein schönes Beispiel dafür ist die Freundlichkeit. Dass ein Hotelzimmer picobello sauber ist, ist aus Sicht des Gastes okay – mehr aber auch nicht. Ist dabei das Zimmermädchen – so Sie es treffen – unfreundlicher, als Sie erwarten dürfen (denn schließlich sind Sie der Gast), werden Sie unzufrieden sein, auch wenn alles glänzt und strahlt. Ist es so freundlich, wie Sie es von einer Hotelmitarbeiterin erwarten, werden Sie weder unzufrieden noch begeistert sein, weil Sie das für selbstverständlich halten. Übertrifft das Zimmermädchen Ihre Freundlichkeitserwartungen, weil es Sie mit Namen begrüßt und Ihnen eine kleine Gefälligkeit erweist (jetzt bitte nicht falsch verstehen!), werden Sie begeistert sein und dies womöglich mit einem großzügigen Trinkgeld belohnen. Das Hotel selbst werden Sie in guter Erinnerung behalten und beim nächsten Mal wieder in Betracht ziehen – und, falls gefragt, in den höchsten Tönen loben.

OK-Faktoren sind, aus Sicht des Kunden betrachtet, eine Selbstverständlichkeit. Dafür zu werben («Unsere Zimmer sind sauber») würde nur albern klingen. Dennoch sind die OK-Faktoren zu identifizieren, und es ist dafür zu sorgen, dass mindestens das erwartete bzw. als selbstverständlich erachtete Niveau erreicht wird. Dazu gehören termingerechte Lieferungen, vollständige Bestellungen usw. Dem Kunden kommt es wahrscheinlich gar nicht auf den ganzen Service-Schnickschnack an, der bei Ihnen eine Kostenexplosion verursacht. Für ihn müssen zunächst die Kernleistungen stimmen. Einfach, praktisch und schnell muss es gehen. Und die Mitarbeiter sollen achtsam, zuvorkommend (im wahrsten Sinne des Wortes), kompetent und hilfsbereit sein. Wer in einer Boutique schlecht bedient wird, den kann selbst der kostenlose Espresso nicht mehr locken. Und wer ein Sonnenstudio schmuddelig findet, der geht auch mit einem dicken Geschenk-Gutschein nicht dorthin. Bevor wir uns also an die Service-Extras machen, müssen zunächst die Basisleistungen stimmen.

Begeisterungsfaktoren

Die ergiebigste Kategorie für Kundentreue und massenhaft Empfehlungen? Das sind die Begeisterungsfaktoren. Mit diesen kann man nur gewinnen. Ein Fehlen wird Ihnen vom Kunden nicht übel genommen. Aber wenn Sie ihm diese (am besten unerwartet, also nicht angekündigt) bieten, wird er Sie dafür lieben.

Dazu ein Beispiel aus dem schon erwähnten Hotel Schindlerhof in Boxdorf bei Nürnberg: Dort kann man Bücher ausleihen. Wenn nun das Zimmermädchen – weil etwa der Gast beim Lesen eingeschlafen ist – das aufgeschlagene Buch im Hotelzimmer findet, so wird es Titel und Seitenzahl in der Datenbank vermerken. Kommt der Gast wieder, so wird er genau dieses Buch auf seinem Zimmer wiederfinden – aufgeschlagen auf der entsprechenden Seite und mit einer kleinen freundlichen Notiz versehen. Der Schindlerhof hat eine Liste mit über 300 solcher Begeisterungsideen auf Lager. «Die Summe der Details ist für uns eine strategische Erfolgsposition», sagt der Besitzer Klaus Kobjoll. Wie recht er hat. Auch wenn sich einzelne Details imitieren lassen, es ist deren Summe, die ein Unternehmen unkopierbar macht.

«Wir können nie genug Zeit auf solche Details verwenden, weil wir einfach nicht wissen, welche Details letztlich den Kunden berühren», meint der internationale Designhotel-Entwickler Ian Schrager. «Every little helps», sagt der Slogan von Tesco, führender Einzelhändler in England. «Make your customer wow», heißt es anderswo. Im A Capella Hotel Schloss am Wörthersee wird der Gast zwei Tage vor Anreise angerufen, um nach seinen besonderen Wünschen gefragt zu werden. Das ist selbst für Vielreiser «wow».

Kundenbegeisterung im Griff?

Jedes Unternehmen sollte seine Enttäuschung-, OK- und Begeisterungsfaktoren kennen – und im Vergleich zum Wettbewerb aufzeigen können. Die Ergebnisse lassen sich in einer einfachen Übersicht darstellen bzw. bei Bedarf in weit komplexeren Systemen abbilden.

Touchpint	☐
Wertigkeit für den Kunden	☐
Enttäuschungsfaktoren	☐
OK-Faktoren	☐
Begeisterungsfaktoren	☐

Die Krux mit den Begeisterungsfaktoren: Wenn ein einmal gesetzter Level unterboten wird, sind wir enttäuscht. Was heute noch für Überraschungen sorgt, ist morgen schon «basic», also kaum noch der Rede wert. Wenn mir etwa mein Friseur Werner ausnahmsweise einen ganz kurzfristigen Termin gibt, bin ich begeistert. Und eine

Sorge los. Wenn ich mal wieder in Nöten bin, hoffe ich, dass er es wieder tut. Beim dritten Mal gehe ich schon ganz selbstverständlich davon aus. Und bin sauer, wenn es diesmal nicht klappt.

Weil sich Kunden also schnell an das Besondere gewöhnen, werden seine Erwartungen und damit auch seine Anforderungen steigen. Deshalb muss ein Unternehmen bestrebt sein, Begeisterung zu «tunen». Hierzu begibt es sich mit dem Kunden gemeinsam in einen stetig ansteigenden mehr oder weniger steilen Begeisterungskanal. Innerhalb des Kanals werden immer wieder andere, neue Begeisterungsideen geplant und umgesetzt. Unterhalb des Kanals wird es dem Kunden schnell langweilig, darüber wird es dem Unternehmen zu teuer. Sichern Sie einen permanenten Ideenfluss durch regelmäßige Kreativsitzungen und sorgen Sie für eine virtuose Umsetzung. Wie Sie mithilfe der Mitarbeiter und Kunden zu immer neuen Einfällen und damit zu einem Prozess des offensiven Ideenmanagements kommen, ist in meinem Buch «Kundennähe in der Chefetage» ausführlich beschrieben.

Natürlich kann man auch zu viel des Guten tun. Begeisterung «tunen» bedeutet demnach, darauf zu achten, dass die Mitarbeiter in der Kundenansprache nicht überdrehen. Wirkt etwas nämlich antrainiert, geht der Schuss nach hinten los. Die richtige Dosierung macht's. Das heißt: Nicht bemüht höflich und aufgesetzt freundlich wirken, sich nicht beim Kunden anbiedern und einschleimen und dem Kunden nichts aufzwingen. «Und spürt man die Absicht, ist man verstimmt», hat schon Goethe gesagt. Was die richtige Dosierung ist? Das kommt auf den Kunden an. Wer als Kunde selbst begeisterungsfähig ist, lässt sich gerne mitreißen. Wer hingegen in seinen Gefühlsausbrüchen strenge Zurückhaltung übt, interpretiert fast jeden Anflug von Begeisterung schon als künstlich.

Wie dem auch sei: Einen typischen Kunden gibt es natürlich nicht, weder im BtoB (Business to Business) noch im BtoC (Business to Consumer). So können wir uns an den einzelnen Touchpoints nur beispielhaft mit verschiedenen Situationen auseinandersetzen. Oder Kunden involvieren.

Der Kunde im Customer Touchpoint Management

Man kann höchstens erahnen, aber niemals ganz sicher wissen, ob und wann welcher Kunde an welchem Kontaktpunkt begeistert ist – oder eben auch nicht. Demnach müsste im Rahmen des Customer Touchpoint Managements jeder Kunde individuell betrachtet werden. Dies ist allerdings nur in solchen Branchen möglich, in denen es eine überschaubare Anzahl von Kunden gibt. In allen anderen Branchen müssen die Touchpoints für die einzelnen Zielgruppen betrachtet werden. Exemplarisch können dazu Vertreter aus der jeweiligen Zielgruppe ausgewählte Kontaktpunkte auf einer Zehn-Punkte-Skala nach den Kriterien «enttäuschend – okay – begeisternd» bewerten sowie priorisieren. In einem zweiten Schritt kann dann jeder Kontaktpunkt in seine einzelnen Leistungsmerkmale zerlegt werden, um die Befragung weiter zu vertiefen.

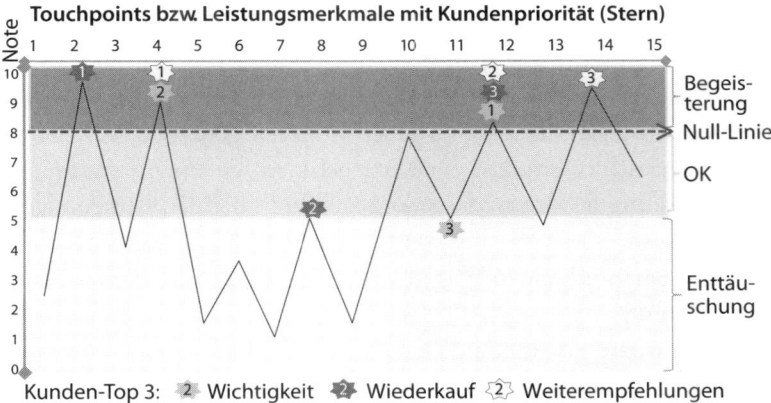

Abb. 10: Entlang der Kundenkontaktpunkte (15 in diesem Beispiel) wird erarbeitet, welches Enttäuschungs-, OK- und Begeisterungspotenzial die einzelnen Angebote im «Moment der Wahrheit» enthalten. Erst oberhalb der Null-Linie entsteht Begeisterung und damit Loyalisierungs- und Empfehlungspotenzial. Die nummerierten Sterne zeigen die jeweils drei wichtigsten Kontaktpunkte bzw. Merkmale aus Kundensicht.

Auf diese Weise lässt sich ein besseres Kundenverständnis entwickeln, man kann auf Kundenwünsche differenzierter eingehen und schließlich Investitionen in die aus Kundensicht entscheidenden Bereiche lenken. Allerdings ist zu berücksichtigen, dass Kunden nicht immer wissen, was sie wollen, dass sie keinen Zugang zu ihren wahren Motiven haben oder im Einzelfall auch berechnenderweise falsche Angaben machen. Andererseits ermöglichen solche Befragungen, drohende Kundenverluste zu vermeiden. Und: In den Extremen, also bei massiven Unzufriedenheiten ebenso wie in hehrer Kundenbegeisterung, stecken die größten Innovations-Chancen.

Deshalb können hier wiederum fokussierende Fragen zum Einsatz kommen:

- Was war es, das Sie an diesem Punkt am meisten begeistert hat?
- Was war es, das Sie an diesem Punkt am meisten enttäuscht hat?

Aber nicht nur die Bewertung des Touchpoints, sondern auch dessen Wichtigkeit sowie die Wiederkaufabsicht und die Empfehlungsbereitschaft müssen an den einzelnen Punkten gemessen werden. So wird ausgeschlossen, dass ein Unternehmen seine ganze Energie in eine Leistung investiert, die zwar begeistert, aber den Kunden letztlich egal ist.

Die entsprechenden Fragen lauten, auf einer Skala von 0 bis 10 abgetragen:

- Wie wichtig ist Ihnen dieser Punkt?
- Würden Sie an diesem Punkt wieder kaufen?
- Würden Sie diesen Punkt weiter empfehlen?

Bei neun oder zehn in punkto Wiederkauf und Empfehlungsabsicht heißt es: Hurra! Sie sind auf dem besten Weg zur Loyalitätsführerschaft.

4. Tipps zur praktischen Umsetzung

«Die nützlichsten Bücher sind die, die den Leser anregen, sie zu ergänzen.» Diese Aussage stammt von dem französischer Schriftsteller und Philosophen Voltaire (1694–1776). Da würde ich noch einen Schritt weitergehen und sagen: «Die nützlichsten Bücher sind die, die den Leser nicht nur ins fantasievolle Träumen bringen, sondern vor allem ins praktische Tun.»

Das ist leicht gedacht – doch schwer gemacht. Denn, wie wir wissen: Unser Hirn ist ein faules Hirn. Es liebt anstrengungslose Arbeit, und deshalb tun ihm liebgewonnene Routinen so gut. Jedes Umlernen kostet zusätzliche Energie. Alles, was anders ist und neu, erfordert erhöhte Anstrengungen. Und, klar: Es beinhaltet potenzielle Gefahren – aber eben auch riesige Chancen.

Einfach wäre es nun, Ihnen noch schnell ein paar simple Checklisten mit Do's und Dont's zur Kundenloyalisierung anzubieten. Das würde allerdings nur eines bewirken: Die würden 100-fach kopiert, und alle würden fortan das Gleiche tun. Loyalität erzeugt aber nur der, der etwas Einzigartiges schafft, etwas, das nicht so leicht kopiert werden kann. Ihre Einzigartigkeit steckt nicht in Checklisten, sondern in den Köpfen und Herzen Ihrer Mitarbeiter und Kunden. An den Rändern und auf den Höhen, dort, wo noch niemand war, wird gewonnen und Zukunft gemacht.

So möchte ich Ihnen zu Ihrer persönlichen und fachlichen Weiterentwicklung folgenden einfachen Vorschlag machen:

- Schreiben Sie die drei, vier oder fünf wichtigsten Change-Punkte auf.
- Markieren Sie den Quick Win und setzen Sie ihn an die erste Stelle.

- Definieren Sie jeweils den Zeitpunkt für den ersten Schritt.
- Unterschreiben Sie das Papier wie einen Vertrag mit sich selbst.
- Belohnen Sie sich, sobald die ersten Schritte gemeistert sind.

Ist dieser Plan abgearbeitet, ist der zweite, dritte, vierte, fünfte … dran. So kreieren Sie eine Erfolgsspirale, die sich immer weiter nach oben dreht.

Und Ihrem Unternehmen? Dem schlage ich (in regelmäßigen Abständen) einen Powertag vor. Er beinhaltet einen Vier-Stunden-Workshop mit der Führungsmannschaft, einen 90-Minuten-Impulsvortrag vor den Mitarbeitern sowie ein Package mit Follow-up-Arbeitsmaterialien. Im Kern dieser Aktivitäten steht die Ausrichtung des gesamten Unternehmens auf die dauerhafte Loyalisierung seiner Kunden. Das Ziel: die Loyalitätsführerschaft in der eigenen Branche.

«Jedes Geschäft ist eine Verabredung mit der Zukunft», heißt es so schön. Na also! Dann wünsche ich Ihnen so viele total loyale Immer-wieder-Kunden und aktive positive Empfehler, wie Sie für eine goldene Zukunft brauchen – oder besser noch ein paar mehr.

Anne M. Schüller, Expertin für Loyalitätsmarketing
München, im August 2009
(aktualisiert im Juni 2011)

P.S.: Es gibt übrigens auch ein Hörbuch zum Buch und dieses heißt: «Treue Kunden gewinnen und dauerhaft halten – Die 25 wertvollsten Erfolgsrezepte für Kundenloyalität und Bestandskundenpflege». Sie können es unter anderem auf www.loyalitaetsmarketing.com im Shop bestellen. Auf dieser Webseite können Sie ebenfalls verfolgen, wie sich das Thema weiterentwickelt. Sie finden dort ergänzende Beiträge, Meinungen, Presseartikel, Checklisten und zusätzliches Handwerkszeug. Schauen Sie doch einfach ab und an vorbei.

Dort können Sie auch einen kostenlosen monatlichen E-Mail-Beratungsletter abonnieren, der Sie über alles rund um das Thema Loyalitätsmarketing informiert.

Ferner gibt es auf Facebook eine Fanseite zum Loyalitätsmarketing. Dort können Sie mit anderen Interessierten das Thema weiter diskutieren. Und so geht's zur Fanseite: http://facebook.loyalitaetsmarketing.com. Über Ihre Anregungen, Hinweise, Beiträge, Erfahrungsberichte und Success-Stories freue ich mich sehr.

Literaturhinweise

Bauer, Joachim: Prinzip Menschlichkeit. Hoffmann und Campe, Hamburg 2006.

Bauer, Joachim: Warum ich fühle, was du fühlst. Hoffmann und Campe, Hamburg 2005.

Brafman, Ori, Beckström, Rod A.: Der Seestern und die Spinne. Wiley, Weinheim 2007.

Brandtner, Michael: Brandtner on Marketing. Styria, Gratkorn 2006.

Bruhn, Manfred, Strauss, Bernd (Hrsg.): Kundenintegration. Gabler, Wiesbaden 2009.

Cialdini, Robert B:. Die Psychologie des Überzeugens. Huber, Bern, 4. Auflage 2006.

Dueck, Gunter: Abschied vom Homo Oeconomicus. Eichborn, Frankfurt 2008.

Elger, Christian E.: Neuroleadership. Haufe, München 2009.

Fisher, Roger u. a.: Das Harvard Konzept. Campus, Frankfurt 2004.

Frenzel, Karolina, u. a.: Storytelling, Hanser, 2004.

Fuchs, Werner: Warum das Gehirn Geschichten liebt. Haufe, München 2009.

GDI Impuls Nummer 1/2008: Die Misstrauensfalle.

GDI Impuls Sommer 2007: Auf sie mit Gebrüll.

Gehirn & Geist: Kaufen – mit Herz oder Hirn, Nr. 1–2/2009.

Geo kompakt Nr. 15: Wie wir denken.

Gigerenzer Gerd: Bauchentscheidungen. Bertelsmann, München 2007.

Godau, Miriam, Ripanti, Marco: Online-Communities im Web 2.0. Business Village, Göttingen 2008.

Goleman, Daniel: Soziale Intelligenz, Droemer, München 2006.

Greenberg, Eric: Generation We: How Millenial Youth Are Taking Over America and Changing Our World Forever. PM Publishers, 2008.

Haderlein, Andreas: Marketing 2.0. Zukunftsinstitut, Kelkheim 2006.

Harvard Business Manager: Wie Sie Kunden gewinnen und halten. Edition 2/2007.

Häusel, Hans-Georg: Emotional Boosting. Haufe, Planegg 2009.

Häusel, Hans-Georg: Brain View – Warum Kunden kaufen. Haufe, Planegg 2004.

Heller, Kurt: Chefsache Kunde. Versus, Zürich 2007.

Heuser, Uwe Jean: Humanomics. Campus, Frankfurt 2008.

Höhler Gertrud: Jenseits der Gier. Econ, Berlin 2005.

Hüther, Gerald: Biologie der Angst. Vandenhoeck & Ruprecht, Göttingen, 8. Aufl., 2007.

Jaffé Diana: Der Kunde ist weiblich. Econ, Berlin 2005.

Jahrbuch Marketing 2008: Künzler Bachmann. St. Gallen 2008.

Joachimsthaler, Erich: Marketing auf Innovationskurs. MI Fachverlag, München 2008.

Kast Bas: Wie der Bauch dem Kopf beim Denken hilft. Fischer, Frankfurt 2007.

Katzengruber, Werner: Die neuen Verkäufer. Wiley, Weinheim 2006.

Kaul, Helge, Steinmann Cary (Hrsg.): Community Marketing. Schäffer Poeschel, Stuttgart 2008.

Keiningham, Timothy L., u. a.: Loyalty Myths. New Jersey 2005.

Kim W. Chan / Mauborgne Renée: Der Blaue Ozean als Strategie. Hanser, München 2005.

Kirby, Justin, Mardsen Paul: Connected Marketing. Butterworth-Heinemann, Oxford 2006.

Kobjoll Klaus: Wa(h)re Herzlichkeit. Orell Füssli, Zürich 2007.

Koch, Klaus-Dieter: Was Marken unwiderstehlich macht. Orell Füssli, Zürich 2009.

Koch, Klaus-Dieter: Reiz ist geil. Orell Füssli, Zürich 2006.

Mikunda, Christian: Warum wir uns Gefühle kaufen. Econ, Berlin 2009.

Opaschowski, Horst W.: Wir! Warum Ichlinge keine Zukunft haben. Murmann, Hamburg 2010.

Pfläging Niels: Führen mit flexiblen Zielen: Beyond Budgeting in der Praxis. Campus, Frankfurt 2006.

Pink, Daniel H.: Unsere kreative Zukunft. Riemann, München 2008.

Qualman, Eric: Socialnomics. Wie Social Media Wirtschaft und Gesellschaft verändern. Mitp, Heidelberg 2010.

Reichheld, Frederick F.: Die ultimative Frage. Hanser, München 2006.

Reichheld, Frederick F.: Loyalty Rules. Harvard Business School Press, Boston 2001.

Reimann, Eckard, Sexauer, Hagen J. (Hrsg): Handbuch Praxis Kundenbeziehungs-Management. Denkinstitut, Königswinter 2007.

Roberts, Kevin: Der Lovemarks-Effekt. MI Fachverlag, München 2008.

Röthlingshöfer, Bernd: Marketeasing. Erich Schmidt Verlag, Berlin 2006.

Röthlingshöfer, Bernd: Mundpropaganda-Marketing. DTV, München 2008.

Roth, Gerhard: Aus Sicht des Gehirns. Suhrkamp, Frankfurt 2003.

Sawtschenko, Peter: Positionierung – das erfolgreichste Marketing auf unserem Planeten. Gabal, Offenbach, 3. Auflage, 2008.

Scheier, Christian, Held, Dirk: Was Marken erfolgreich macht. Haufe, Planegg 2007.

Scheier, Christian, Held, Dirk: Wie Werbung wirkt. Haufe, Planegg 2006.

Schmitt, Bernd H., Mangold, Marc: Kundenerlebnis als Wettbewerbsvorteil. Gabler, Wiesbaden 2004.

Schüller, Anne M.: Kundennähe in der Chefetage – Wie Sie Mitarbeiter kundenfokussiert führen. Orell Füssli, 3. Auflage, Zürich 2011.

Schüller, Anne M.: Come back! Wie Sie verlorene Kunden zurückgewinnen. Orell Füssli, 3. Auflage, Zürich 2010.

Schüller, Anne M. / Fuchs, Gerhard: Total Loyalty Marketing. Gabler, Wiesbaden, 5. aktualisierte und erweiterte Auflage 2009.

Schüller, Anne M.: Zukunftstrend Empfehlungsmarketing. Business Village, Göttingen, 5. aktualisierte und erweiterte Auflage 2011.

Schüller, Anne M.: Erfolgreich verhandeln – erfolgreich verkaufen. Business Village, Göttingen, 2009.

Schüller, Anne M. / Schwarz, Torsten (Hrsg.): Leitfaden WOM Marketing. Absolit, Waghäusel 2010.

Schwarz, Torsten (Hrsg.): Leitfaden Dialog Marketing. Absolit, Waghäusel 2008.

Schwarz, Torsten (Hrsg.): Leitfaden Online Marketing. Absolit, Waghäusel 2007.

Schwarz, Torsten (Hrsg.): Leitfaden Integrierte Kommunikation. Absolit, Waghäusel 2006.

Sonnenschein, Martin u.a.: Customer Energy. Gabler, Wiesbaden 2006.

Surowiecki John: Die Weisheit der Vielen. Goldmann, München 2007.

Tapscott Don, Williams Anthony D.: Wikinomics, Hanser, München 2007.

Ullrich, Wolfgang: Habenwollen. S. Fischer, Frankfurt 2008.

Weinberger, David: Das Ende der Schublade. Hanser, München 2008.

Wenzel, Eike: Sinnmärkte. Zukunftsinstitut, Kelkheim 2009.

Werth, Jaques u.a.: High Probability Selling. Business Village, Göttingen 2008.

Wolf, Gunther: Variable Vergütung, Dashöfer, Hamburg 2004.

Wuring, Nicolette: Customer Advocacy. Msc 2008.

Die Autorin

Anne M. Schüller ist Diplom-Betriebswirtin und gilt als führende Expertin für Loyalitätsmarketing. Sie hat, gemeinsam mit dem Unternehmensberater Gerhard Fuchs, den Begriff des Total Loyalty Marketing geprägt. Sie ist Autorin zahlreicher Veröffentlichungen und zehnfache Buch- und Bestsellerautorin. Ihr Buch «Kundennähe in der Chefetage» wurde mit dem Schweizer Wirtschaftsbuchpreis 2008 ausgezeichnet. Managementbuch.de zählt sie zu den wichtigen Managementdenkern.

Über 20 Jahre lang hatte sie Führungspositionen in Vertrieb und Marketing verschiedener nationaler und internationaler Dienstleistungsunternehmen inne und dabei mehrere Auszeichnungen erhalten. Seit 2001 ist sie als Management Consultant, Speaker und Trainerin tätig. Zu ihrem Kundenkreis zählt die Elite der deutschen, schweizerischen und österreichischen Wirtschaft.

Sie gilt als eine der gefragtesten Business-Redner im deutschsprachigen Raum. Auf Kongressen und Firmenveranstaltungen hält sie hochkarätige Impulsvorträge zu den Themen Loyalitätsmarketing, Mitarbeiter- und Kundenloyalität, kundenfokussierte Mitarbeiterführung, emotionales Verkaufen, Empfehlungsmarketing und Kundenrückgewinnung. Sie gehört zum Kreis der «Excellent Speakers».

Sie ist Dozentin am MCI (Management Center Innsbruck), an der Universität Sankt Gallen und an der BAW München (Bayerische Akademie für Werbung und Marketing). Sie hat ferner einen Lehrauftrag an der Hochschule Deggendorf im MBA-Studiengang Gesundheitswesen (Strategisches Marketing).

Weitere Informationen:
www.anneschueller.de
Kontakt: info@anneschueller.de